谨以此书献给所有不甘于平凡的人们

记住该记住的，忘记该忘记的；
改变能改变的，接受不能改变的。

相信自己，才能肯定自己

做自己的工作
让别人说去

向亚云 杨瑞枝◎编著

“走自己的路，让别人说去”，这是智者的声音，也是前进的口号；
做自己的工作，让别人说去，这是工作的原则，也是成功的奥秘；
相信自己，才能肯定自己；
肯定自己，才能欣赏自己；
欣赏自己，才能成就自己。

中国言实出版社

图书在版编目(CIP)数据

做自己的工作 让别人说去/向亚云,杨瑞枝编著.
—北京:中国言实出版社,2010.10
ISBN 978-7-80250-326-7

Ⅰ.①做…
Ⅱ.①向… ②杨……
Ⅲ.①成功心理学—通俗读物
Ⅳ.①B848.4-49

中国版本图书馆 CIP 数据核字(2010)第 158616 号

出版发行 中国言实出版社
地 址:北京市朝阳区北苑路 180 号加利大厦 5 号楼 105 室
邮 编:100101
电 话:64924716(发行部) 64963101(邮 购)
64924880(总编室) 64914138(四编部)
网 址:www.zgyscbs.cn
E-mail:zgyscbs@263.net

经　　销 新华书店
印　　刷 北京市德美印刷厂
版　　次 2011 年 1 月第 1 版 2011 年 1 月第 1 次印刷
规　　格 710 毫米×1000 毫米 1/16 14.5 印张
字　　数 190 千字
定　　价 29.80 元 ISBN 978-7-80250-326-7/B·242

前言

Preface

俗话说得好，“谁人背后无人说，哪个背后不说人”。任何人都会被人说，每个人也都会说别人，人的一生总有遇上流言蜚语的时候，甚至有些伟大的人物都免不了要经历从誉满天下到谤满天下的过程。不管你做什么、怎么做，做得好或是做得不好，都会有人议论。被人说，这很正常，这没有什么大不了的，关键是你怎么去看别人的议论，怎么去对待别人怎么说。

我们常常会发现，在工作中很多人在勤奋努力、奋发进取，默默地流汗，辛勤地工作，然而有的人却看不得别人比自己优秀，看不得别人家财万贯，看不得别人潇洒人生。他们只是一味地羡慕、嫉妒、眼红，看见别人的成绩，他们就会尖酸刻薄地议论、肆无忌惮地泼脏水、捕风捉影地乱说，以至于流言满天飞。更多有着嫉妒心理的人也会随之加入煽风点火的毒舌大军，甚至还拿“无风不起浪”这样冠冕堂皇的理由为自己的言论寻找理由。在他们高谈阔论的背后，从来没有在意过别人为这些成绩做了多少艰辛的努力，花费了多少时间和精力，付出了多少心血和汗水。这样的人说的这样的话，我们有必要去在乎吗?

被人议论不是件高兴的事，被人恶意的否定，更是终生难忘。然而这些“评论家”、“议论家”、“否定家”的意见都是真的吗？事情都会按照他们的评论思路发展下去吗？有很多人的议论都不过是他们图嘴巴一时痛快而大放的厥词，如果我们因此而改变前行的方向，停下奋进的脚步，那我们才真正成了傻瓜,才会真正离成功越来越远。

一个人想做点事情,非得走自己的路,坚持自己的方向不可。事实证明,能成大事者,永远是那些敢于喊出自己声音、坚持走自己路的人,而那些人云亦云者注定与成功无缘。

“走自己的路,让别人说去”,这是智者的声音,也是前进的口号。做自己的工作,让别人说去,这是工作的原则,更是成功的奥秘。相信自己,才能肯定自己;肯定自己,才能欣赏自己;欣赏自己,才能成就自己。

当然,坚决地走自己的路,认真地做自己的工作,并不是固执和一根筋。在阅历太浅、经验不够丰富的年龄时段,在人生十字路口感到渺茫有所徘徊的时候,固执己见,有时会步入误区、走进歧途,甚至四处碰壁、坠落深渊。当山穷水尽疑无路又恰有高人指点的时候,你仍坚持“走自己的路,让别人说去吧!”是很不理智的表现,是十分危险的举动。关爱你的人想拉你一把,你却高呼“做自己的工作,让别人说去吧!”而一意孤行、不管不顾,死不回头,最终要吃苦头的必是你自己!

真正的强者,真正优秀的人,是不怕别人“说”的,更不会被别人的“说”而左右自己的方向,停下自己的脚步。面对汹汹流言,他更能自省自律,奋斗进取,坚定信念,勤奋努力,走自己的路,做自己该做的工作,专注于自己的目标。不要在乎别人说什么,这才是我们对待生活、对待那些不负责任的言论应有的态度。流言不仅左右不了他的信念,反而更能锻造出一个宽阔平和的心胸,更能成就出一番事业,打拼出一份精彩的人生。

目 录

Contents

第一章 找准方向 坚定信念

——做自己的工作，走自己的路，不管别人说什么

找准自己的方向，坚定自己的信念，做自己喜欢做的工作，尽最大的努力把工作做好，就是一种成功。不要在乎别人说什么，人生是自己的，路是自己在走，工作是自己在做，别人说什么、怎么说，不重要。重要的是：坚持自己的方向，做好自己的工作。

第二章 自觉自愿 忠诚敬业

——兢兢业业做自己的工作，不管别人说什么

我们工作不是为别人，而是为自己，努力工作和不努力工作，最大的受益

者和受害者都是自己。为自己工作，就要兢兢业业、自觉自愿、忠诚敬业，而不要在乎别人说什么。别人的冷嘲热讽只会打消我们的热情，消磨我们的意志，有百害而无一益，那我们在乎它做什么？

第三章　责任至上　勇于担当

——尽职尽责做自己的工作，不管别人说什么

责任不仅是至高无上的职业精神，而且也是我们做好一切工作的前提和保证。一个视责任至高无上、坚守职责、勇于担当的员工，做任何事情都能尽职尽责、尽心尽力做到最好，把自己的责任完美地落实，而不会在意别人说什么，不管别人的说法多么权威、批评多么严苛，嘲讽多么无礼，都要坚守责任、坚持原则，为工作、为责任不计一切！

第四章 勤奋踏实　刻苦肯干

——勤勤恳恳做自己的工作，不管别人说什么

俗话说“一勤天下无难事”。勤奋是多数人走向成功的秘诀，勤奋是卓越工作的不二法门。所以，要做好工作就要勤勤恳恳、踏踏实实。不要在乎别人说你是“图表现”，是“出风头”。要做好自己的工作，除了勤勤恳恳，努力刻苦，别无他法。

第五章 讲究方法　追求高效

——井井有条做自己的工作，不管别人说什么

忙要忙到点子上，不能瞎忙；干要干得有效率，不能空干；勤要勤得有价值，不能白勤！所以要讲究工作方法，追求工作效率，能干还要会干，实干更要巧干，井井有条地干，轻松高效地干，才能真正把工作干好。

第六章　关注细节　见微知著

——认真细致做自己的工作,不管别人说什么

细节决定成败,小事左右大局。要做好自己的工作,一定要关注细节,注重小事,不要在意别人说什么"差不多就行了"、"小错误没关系"类似的话,而应抱着认认真真,把细节做细,把小事做好的态度,见微知著,见端知末,沉心静气地把每一件小事做好做到位,不粗心不马虎,不心浮气躁,不浅尝辄止,就一定能把自己的工作做到最好。

第七章 热情上进 专注执著

——专心致志做好自己的工作，不管别人说什么

热情是工作的灵魂。拥有了热情就拥有了活力和自信，就能激发出无尽的潜能，让你雄心万丈、豪气冲天，活力四射，干劲十足。执著于自己的目标，专注于自己的工作，专心致志把自己的工作做好，就不会管别人说什么。

第八章 勤于思考 大胆创新

——创新自己的工作，不管别人说什么

让大脑运转起来，让思维活泛起来，带着思考去工作，用思想去工作，创新我们的工作，激荡脑力，挥洒智慧，用心用创意推开成功之门，不必在意别人怎么说、说什么。

第九章　勇往直前　不断超越

——把工作做到最好，不管别人说什么

真正优秀的成功者，具有一种勇往直前、敢于挑战、不断进取、永不满足的精神。任何“不可能”他们都可以把它变成可能。任何失败都不能阻止他们前行的脚步，再辉煌的成就，也不会成为他们停步的理由。他们爬上一个又一个巅峰，超越一个又一个对手，最后连自己也被一次又一次地超越。在他们的心中，没有最好，只有更好，不停地向着完美进发。他们的字典中只有两个字最重要：向前。向前、再向前，不停地向前，从不在意别人说什么！

第一章　找准方向　坚定信念

——做自己的工作，走自己的路，不管别人说什么

找准自己的方向，坚定自己的信念，做自己喜欢做的工作，尽最大的努力把工作做好，就是一种成功。不要在乎别人说什么，人生是自己的，路是自己在走，工作是自己在做，别人说什么、怎么说，不重要。重要的是：坚持自己的方向，做好自己的工作。

1　走自己的路，让别人说去吧

对于许多人来说，往往都过于在乎别人的眼光，在乎别人的说法。其实这根本没有必要。俗话说："哪个人前无人说，哪个背后不说人。"人的一生总是活在流言蜚语当中，很多伟大的人都经历过誉满天下谤满天下的时候。不管你做什么、怎么做，做得好或是做得坏，都会有人议论。别人说什么不重要，重要的是你怎么做，你坚持什么，你信守什么，你追求什么。

我们有时会发现，在工作中很多人在勤奋努力、奋发进取，在默默流汗辛苦付出的同时，也收获着成就，享受着成功。这本来是再平常不过的事，有付出就有回报，付出多少得到多少。但是总有那么一些人，自己不好好努力，却看不得别人比他优秀，看不得别人家财万贯，看不得别人潇洒人生。他们的眼睛看不见别人的努力，却总在眼红别人的成绩，嫉妒别人的成功。他们最爱尖酸刻薄地议论、肆无忌惮地泼脏水、捕风捉影地乱说，以至于流言满天飞使更多有着嫉妒心理的人也会随之加入煽风点火的毒舌大军，甚至还拿"无风不起浪"这样冠冕堂皇的理由为自己的言论寻找理由。

在他们高谈阔论的背后，殊不知在这条艰辛的道路上，别人花了多少时间和精力，付出了多少他人无法想象的努力和心血。更可恨的，是还有一部分不学无术却自以为是的人，他们自认为是再世孔明，可以运筹帷幄，更可以言定天下，随意给一件事、一个人定性，更是常见的事。而且他们说这些话的时候往往一副义正言辞，一针见血，入骨三分的架式，好像永远代表正义、良心和公理。这些人无论是刻薄的批评，还是恶意的否定，都是一腔热血，毫不犹豫地张开大嘴，吐出一串串自以为是象牙珠玉的垃圾，并以此为乐，以此为荣，并且唯恐天下人不知，非要传播得尽人皆知才心甘。

被人议论不是件让人不高兴的事，被人恶意的否定，更是终生难忘。然而，这些“评论家”、“议论家”、“否定家”的意见都是真的吗？事情都会按照他们的评论思路发展下去吗？有很多人的议论甚至都不过是某些人图嘴巴一时痛快而大放的厥词，这样的人，这样的话，我们有必要去理睬吗？如果我们因此而改变前行的方向，那我们才真正成了傻瓜，才会真正离成功越来越远。真正的智者绝不会被这些人的流言所左右的。

先哲苏格拉底曾被人贬为“让青年堕落的腐败者”。

伟大的音乐天才贝多芬小时候被他的老师说成“绝不是个作曲的料”。

爱因斯坦4岁才开始说话，7岁才会认字，老师给他的评语是“反应迟钝，不合群，满脑袋不合实际的幻想”。老师甚至还劝他退学。

牛顿在小学的成绩一团糟，曾被老师和同学称为“呆子”。

托尔斯泰读大学时因成绩太差而被劝退学。老师认为他“既没有读书的头脑，又缺乏读书的兴趣……”

你看，就是这些曾被亿万人视为成功人物典范的这些伟大人物，不也一样曾被人说得一无是处吗？如果他们当年因为别人的评价而放弃自己选择的道路，那他们那些举世瞩目的成就将永远不会有！所以，不要太在乎别人怎么说、说什么。那些对于我们的选择，无关紧要，唯一重要的，是我们对未来的信念，对目标的坚守！

人无完人，每个人都不是十全十美的，每个人做事都会有欠周到、欠考虑、有做得不好的时候，只要不是人品的问题，其实都没有什么大不了的。世界上有谁是十全十美、没有任何缺陷，又有谁不会犯错呢？别人说的对时，我们可以虚心地接受，并诚心诚意地改正我们的缺点，完善我们的不足。如果别人是恶意的诋毁、污蔑，我们当然要挺身而出，为自己的清白奋声而辩。如果只是议论，那我们管那么多干嘛呢？

伟人但丁曾说过“走自己的路,让别人说去吧!”这句光照千秋的名言已经问世几百年了,为什么几百年后的我们,还不能洒脱地对待别人说什么呢?如果不在意别人说什么,专心做自己的事,坚守自己的信念和方向成功才会属于我们。

大家都知道憨豆先生这个搞笑天才,一说起他,在偌大的中国无人不知无人不晓,他那笨拙幼稚的举止和憨头憨脑的神情,更是让人忍俊不止,过目不忘。可是很少有人知道这个天才的喜剧演员,便是在周围一片否定声中成长起来的。

在憨豆现实生活中,不断有声音对其一再否定,其中他有个教诗歌欣赏的老师曾哀求他改选别的课程;历史教师给他打了35分并对其做评语:他没有半点历史感,当然他什么感、什么天分都没有;甚至憨豆的爸爸都认定憨豆脑子有问题,不是白痴,就是智障,而拒绝和他交流。工作之后憨豆是四处碰壁,只有憨豆的妈妈一直认为憨豆是最棒的,并带他到自己工作的花园(憨豆的妈妈是个花匠),她指着各种各样的花草对憨豆说:“每种花都有开放的机会。”憨豆从母亲的话语和充满信心的目光中得到了力量,重新站了起来。直到20世纪80年代憨豆遇到英国《非9点新闻》剧组,憨豆终于到了“开花”的时节,最终成为享誉全球的搞笑天才……憨豆以他自己的成就,以坚持自我、坚守喜剧方向永不退缩的精神,有力地驳斥了别人对他的不利的评价。憨豆拥有牛津大学的电机工程学位,他还是他的成名作英国BBC招牌电视剧《憨豆先生》的制片及编剧之一。

事实胜于雄辩,只要找准了自己的方向,就不用管别人说什么,坚持走下去,一定可以成功。

人的一生总是生活在肯定与否定当中,从小我们便被灌输固定的思维模式,非对即错,世界便是简单的黑白两色,我们做的事也是简单明了,对错鲜明由于观念不一,无论我们做任何事,都会有人在阴暗的角落里指手画脚，大发议论。不管是在社会上，还是在职场上或在工作中，每天都会有一些人，一些事，一些话来挑战我们心理承受的极限。总有一些人喜欢肆无忌惮任意的对他人和事物进行定性，不负责任的言论、恶毒的攻击，难听的流言……有时明明是错误的舆论，可众口铄金，积毁销骨，也一样让人万口莫辩。许许多多完全有可能变成现实的理想和希望、愿望和目标都在这些毒舌的压迫下，像肥皂泡一般的迸裂了……

那么我们将何去何从呢？其实我们大部分时间都是生活在别人的眼光里，只是我们不愿去面对罢了！当别人用一种异样的眼光看我们时，我们会感到很不自在。本来自己一直都是这样的，但就因为别人的一个眼神，我们真以为自己和平时不一样了。总是让自己的道路被别人的眼光或是言论左右，这样的人，是没有主见的人，没有信念的人，没有自信的人，是一个软弱的人。一个没有主见的人，一个对世事和自己没有明确认识的人，别人认为对的，他去做；别人认为不对的，他就不做。这是软弱无能表现，让人瞧不起！走自己的路，办自己应该办的事，不管别人说什么，这才是我们对待生活、对待那些不负责任的言论应有的态度。

1867年，俄国彼德圣堡大学里来了一个年轻的化学教授，他就是门捷列夫。身为化学教授的门捷列夫大部分时间并不是在实验室度过，而是将自己关在书房里，手里总捏着一副纸牌，颠来倒去，整好又打乱，乱了又重排。他不邀牌友，也不去上别人家的牌桌。

两年后的一天，俄罗斯化学会专门邀请专家进行一次学术讨论。学者们有的带着论文，有的带着样品，只有门捷列夫两手空空。学术讨论进行了三天，三天来讨论会场大家各抒己见，好不热闹，只有门捷列夫一个人一直一言不发，只是瞪着一双大眼睛看，竖起耳朵听，有时皱皱眉头想想。

眼看讨论就要结束了，主持人躬身说道："门捷列夫先生，不知您可有什么高见？"门捷列夫也不说话，起身走到桌子的中央，右手从口袋里取出，随即一副纸牌甩在桌子上，在场的人都大吃一惊。门捷列夫爱玩纸牌，化学界的朋友已早有所闻，但总不至于闹到这种地步，到这么严肃的场合来开玩笑吧？

只见门捷列夫将那一把乱纷纷的牌捏在手里，三下两下便整理好，并一一亮给大家看。大家这时才发现这并不是一副普通的扑克，每张牌上写的是一种元素的名称、性质、原子量等，共63张，代表着当时已发现的63种元素。更怪的是，这副牌中有红、橙、黄、绿、青、蓝、紫七种颜色。

门捷列夫真不愧为玩纸牌的“老手”，一会儿工夫就在桌子上列成一个牌阵：竖看就是红、橙、黄、绿、青、蓝、紫分别各一列，横看那七种颜色的纸牌就像画出的光谱段，有规律地每隔七张就重复一次。然后门捷列夫口中念念有词地讲着每一个元素的性质，滚瓜烂熟，如数家珍。周围的人都傻眼了。他们在实验室里钻了十年，甚至几十年，想不到一个年轻人玩玩纸牌就能得出这些规律和推论，要说不服气吧，又讲不出道理来，要说真是这样，又有些不甘心。

这时一直坐在旁边观看的门捷列夫的老师胡子气得撅起来了，一拍桌子站起来，以师长的严厉声调说道：“快收起你这套魔术吧，身为教授、科学家，不在实验室里老老实实地做实验，却异想天开，摆摆纸牌就要发现什么规律，这些元素难道就由你这样随便摆布吗？……”老人越说越激动，一边还收拾东西准备离去，其他人见状也纷纷站起，这场讨论就这样不了了之。

门捷列夫坚信自己是对的，回家后继续“玩”着这副纸牌，遇到什么地方接连不上时，他就断定还有新元素没被发现，他就暂时补一张空牌，这样他一口气预言了11种未知元素，那副牌已是74张。这就是最早的元素周期表。

在随后的几年中，门捷列夫预言的11种元素陆续被发现，乖乖地“住”进他的元素周期表，特别是后来发现的氦、氖、氩、氪、氙和氡又给元素周期表增加了新的一族。元素世界一目了然，它就像一幅大地图，后来的化学研究都靠的这幅指南图。

不要怕别人的“说”，更不要被别人的“说”打倒。真正的强者，面对汹汹流言，更能自省自律，奋斗进取。他不仅不怕流言，反倒经过议论之火的煅烧，有了一个宽阔平和的心胸，成就出一番事业，打拼出一份精彩的人生。

当然，坚决地走自己的路，并不是固执。在阅历太浅、经验不够丰富的年龄时段，在人生十字路口感到渺茫有所徘徊的时候，固执己见，有时会步入误区、走进歧途，甚至四处碰壁、坠落深渊。当山穷水尽疑无路又恰有高人指点的时候，你仍坚持“走自己的路，让别人说去吧！”是很不理智的表现，是十分危险的举动；关爱你的人想拉你一把，你却高呼“走自己的路，让别人说去吧！”而一意孤行、不管不顾，死不回头，最终要吃苦头的必是你自己！

2　一切成功都从设定目标开始

目标是成功的起点，一切成功都从设定目标开始的，因为没有目标就没有方向。再神奇的射箭高手，如果缺乏目标，他的箭将找不到射出的方向；再新式的喷气机，如果没有目的地，它将失去存在的意义；再伟大的球队，如果不是冠军杯等待他们争取，他们必将庸庸碌碌。即使是生活中最琐碎的小事，没有一个准确的目标，也就不可能办好。

《天演论》的作者小赫胥黎有一次在某个国际会场演讲完毕，必须赶到另一个会场作演讲，而两个会场之间距离很远。小赫胥黎一看手表，发现时间快到了，立刻冲出会场，跳上一辆出租车，连声说“快！快！快！”。出租车司机一踩油门，风驰电掣般地窜了出去。几秒钟后，小赫胥黎突然哈哈大笑，轻轻一拍司机的肩膀说："老兄，你知道我们去哪里啊？"

我们可能会去笑那位司机，连去哪里都不知道，没有目标，车开得再快又有什么用？目标才是方向，目标才是灯塔，目标才是我们要到达的地方！

没有目标，再出色的能力，再强大的力量也找不到努力的方向。漫无目的地漂荡终归会迷路，就算你是一座无价的金矿，也因为没有开采的方式而与平凡的尘土无异。没有目标，即使是伟大的人也会因此而失败！

1952 年 7 月 4 日清晨，加利福尼亚海岸下起了浓雾。在海岸以西 21 英里的卡塔林纳岛上，一个名叫费罗伦丝·查德威克的 43 岁的女人准备从太平洋游向加州海岸。

那天早晨，雾很大，海水冻得她身体发麻，她几乎看不到护送她的船。时间一个小时一个小时的过去，千千万万人在电视前看着她。

15 小时之后，她又累，又冷。她知道自己不能再游了，就叫人拉她上船。她的母亲和教练在另一条船上。他们都告诉她海岸很近了，叫她不要放弃。但她朝加州海岸望去，除了浓雾什么也看不到……

人们拉她上船的地点，离加州海岸只有半英里！后来她说，令她半途而废的不是疲劳，也不是寒冷，而是因为她在浓雾中看不到目标。查德威克小姐一生中就只有这一次没有坚持到底。

没有目标，也就会失去希望，从而失去了坚持的理由，结果只能是失败。

目标是成功的起点，当你明确了人生目标，你便找到了人生的主流，也就找到了奋斗的方向，我们的潜力也才能得到充分发挥，我们的坚持和坚决才更让我们自己信服。

在职场，也是一样，一个有目标的人，往往会比一个没有目标的人更有作为。虽然目标不能完全实现,但成功的概率要大大高于那些没有人生目标的人。因为有了目标你就会明白,什么事情是重要的,什么事情是不重要的,哪些是必做的,哪些是不做也没关系的。这样,我们不必白费心机,不用多花力气,更不用走冤枉路,可以直直地向我们的目标前进,当然更容易成功。所以,不要在意别人说什么,按自己的心愿和能力,及早设定自己的目标,才是为成功搬来了第一块砖。

1953年,美国耶鲁大学对毕业的学生进行了一次有关人生目标的研究调查。在开始的时候,研究人员向参与调查的学生们问了这样一个问题:“你们有人生目标吗?”关于这个问题,只有10%的学生确认他们有目标。

然后,研究人员又问了学生们第二个问题:“如果你们有目标,那么,你们是否把自己的目标写下来呢?”这次,总共只有3%的学生回答是肯定的。

20年后,耶鲁大学的研究人员在世界各地追访当年参与调查的学生,他们发现:当年白纸黑字把自己的人生目标写下来的那些人,无论从事业发展还是从生活水平上看,都远远超过那些没有这样做的同龄人。这3%的人所拥有的财富居然超过了余下的97%的人的总和。由此可见,这3%的人的成功与他们有明确的目标是分不开的。

拿破仑说:“不想当将军的士兵不是好士兵。”意思就是说人生的目标要高远、伟大些才好。因为目标高远了,才能激发你更大的潜能,为实现这个高远的目标,你就必须有出众的本领、广博的知识、精湛的技能、卓越的素质,你就必须去学习、去磨炼、去努力,从而让自己不断提升、不断进步,最终迈向目标。而没有远大的目标,就会使人失去动力,丧失信心,一生碌碌无为。但目标不是大而空洞的理想,而是明确清楚、必须实现的愿望,所以,目标越明确越好,越实际越容易达到。假、大、空的目标只是自欺欺人的迷芒,或是根本实现不了的梦想,没有任何用处的。

有个同学问老师："老师，我的目标是想在一年内赚100万！请问我应该如何去实现我的目标呢？"

老师便问他："你相不相信你能达成？"他说："我相信！"老师又问："那你知不知到要通过哪行业来达成？"他说："我现在从事保险行业。"老师接着又问他："你认为保险业能不能帮你达成这个目标？"他说："只要我努力，就一定能达成。"

"我们来看看，你要为自己的目标做出多大的努力，根据我们的提成比例，100万的佣金大概要做300万的业绩。一年：300万业绩。一个月：25万业绩。每一天：8300元以上业绩。"老师说，"每一天：8300元以上业绩。大概要拜访多少客户？"

老师接着说："大概要50个人。那么一天要50人，一个月要1500人；一年呢？就需要拜访18000个客户。"

这时老师又问他："请问你现在有没有18000个A类客户？"他说："没有。""如果没有的话，就要靠陌生拜访。你平均一个人要谈上多长时间呢？"他说："至少20分钟。"老师说："每个人要谈20分钟，一天要谈50个人，也就是说你每天要花16个多小时在与客户交谈上，还不算路途时间。请问你能不能做到？"他说："不能。老师，我懂了，目标不是凭空想象的，是需要凭着一个能达成的计划而定的。"

目标不是孤立存在的，目标和计划是相辅相成的。目标指导计划，计划的有效性影响着目标的达成。所以在执行目标的时候，要考虑清楚自己的行动计划，怎么做才能更有效地完成目标，是每个人都要想清楚的问题。否则，目标定的越高，达成的效果越差！

但这并不是说，我们不能有一个高远的目标，而是要从小目标开始，一点一点，最后达成大的目标。俄国文学家托尔斯泰有这样一句名言："人要有生活的目标，一辈子的目标，一个阶段的目标，一年的目标，一个月的目标，一个星期的目标，一天的目标，一个小时的目标，一分钟的目标,还得为大目标牺牲小目标。”这样才能算得上是真正确立了人生的目标,也才能更容易成功。

有一则寓言:有一只刚组装的小闹钟,刚把它组装起来以后,把它放到了两只旧闹钟的中间,那个小闹钟,听到两只旧闹钟,嘀嗒、嘀嗒、嘀嗒,一直不停地走,很纳闷,就问:“你们在干嘛呢?为什么一直这样不停地走?”其中有一只旧闹钟,就对小闹钟说:“来吧,你也该工作了,但是我很担心,当你在一年时间走完3200万次以后,恐怕你就吃不消。”那只小闹钟一听就非常紧张:“什么?走3200万次?!这么大的目标,我肯定办不到,3200万次,这是一个多么庞大的数字啊!”这个时候另外一只闹钟就说:“你不要听它胡说八道,根本就不要害怕,你只要每秒钟嘀嗒,摆一下就行了。”那只小闹钟一听就问:“这么简单吗?每秒钟嘀嗒摆一下,我就能够达到目标?”小闹钟听了以后就摆了一下,嘀嗒,感觉挺轻松,后来就不断地嘀嗒、嘀嗒地走着,不知不觉一年过去了,小闹钟摆完了3200万次,完成了自己的目标。

俗话说:“一口吃不成胖子。”也没有人能一步登上山顶,任何一个目标都是无法一步达成的,如果分成小的目标,行动起来就会更有动力和行动方向,当同时达到这些小目标的时候,也会进一步增加自信心。当一个个小目标实现了,实现大目标就理所当然了。

山田本一是日本著名的马拉松运动员。他曾在1984年和1987年的国际马拉松比赛中,两次夺得世界冠军。记者问他凭什么取得如此惊人的成绩,山田本一总是回答:“凭智慧战胜对手!”

大家都知道,马拉松比赛主要是运动员体力和耐力的较量,爆发力、速度和技巧都还在其次。因此对山田本一的回答,许多人觉得他是在故弄玄虚。

10年之后,这个谜底被揭开了。山田本一在自传中这样写到："每次比赛之前，我都要乘车把比赛的路线仔细地看一遍，并把沿途比较醒目的标志画下来，比如第一标志是银行；第二标志是一棵古怪的大树；第三标志是一座高楼……这样一直画到赛程的结束。比赛开始后，我就以百米的速度奋力地向第一个目标冲去，到达第一个目标后，我又以同样的速度向第二个目标冲去。40 多公里的赛程，被我分解成几个小目标，跑起来就轻松多了。开始我把我的目标定在终点线的旗帜上，结果当我跑到十几公里的时候就疲惫不堪了，因为我被前面那段遥远的路吓倒了。"

成功学大师戴尔·卡内基说：**"目标是成功的起点，是成功者的指南针！"**世界潜能巨匠博恩崔西也说："成功即是目标，其他都是这句话的注解。"可见，人生奋斗的第一步无疑是为自己找到一个明确的目标。没有目标的人，就好像水上的浮萍，东漂西荡，不知何去何从，结果自然一无所获。只有明确的目标才是指引我们不断前行的明灯，是引领我们走向成功的路标。所以，我们要设定自己的目标。只要是你想要达到的，不管是高远的、宏伟的，还是微小的、简单的目标，只要是你自己想要达到的，都将是你为成功迈出的第一步，而且是最有力的一步。

不要管别人说什么，更不要在乎别人看你的眼光，你要为自己努力，为自己奋斗，就沿着自己设定的目标努力、奋斗和拼搏吧，成功就在不远处！

3 明确方向，找准适合自己的工作

成为演员，成为明星，或者当政治家、科学家、商业巨头，等等，这些目标不是没有可能，而是需要一定的能力、经历，甚至天赋、机遇、再加上勤奋努力才能实现。所以，设定目标不是盲目的一拍脑袋就选定一个目标，设定目标还必须考虑自己的天赋、能力、现实处境以及自己的爱好和兴趣等方面，才是真正务实的目标。

当我们没有充分了解自己的喜好和优势，不能明确自己努力的方向时，我们反倒会越努力离成功却越来越远，就像“南辕北辙”故事中的那个车夫一样。**知道做什么，叫做有方向；知道该怎么做，叫做有方法。**可是如果没有方向，再有方法也没有任何意义，就算目标再好，也会迷失奔向目标的路。所以，找到自己的方向，找到一份适合自己的工作，是你实现自己大目标的先决条件。

一种不称心的职业最容易糟蹋人的精神，使人无法发挥自己的才能，但是却偏偏有很多人一辈子都对自己的工作不满意，却一辈子都耗在这样的工作里了。不仅没有实现自己的人生目标，没有做出业绩，而且一辈子都觉着心中憋屈，这实在太悲哀了。对很多人而言，发现自己擅长干什么，什么是自己最感兴趣的工作，是一件很困难的事，因为他们宁可相信别人，也不相信自己。别人一说这个好像不太适合你，他们马上就觉得这好像是真的，于是就放弃了自己的追求。还有很多人只会羡慕别人，或者模仿别人去做事，对自己的专长认识不够，更不明白自己该干什么、会干什么，只是看见别人干，自己也去干。所以，他们总是别别扭扭地做着自己不擅长的事，既没有对工作尽责，更无法尽力——有劲使不上，怎么尽力？自然的，他们也就不可能在自己的工作上做出什么成绩来。对于他们的失败，只能怪他们自己，怪他们人云亦云，被别人的说法左右，而完全失去了自我的判断能力。

那么，什么样的工作是最适合自己的工作呢？并不是别人说这个工作适合你就真的适合你，更不是这个工作薪水高待遇好就是一份好工作。适合你的工作，就是你最喜欢的、最有兴趣的、最擅长的工作，这才是好工作的真正标准！

只有喜欢自己的工作，你想干的工作，你实现人生目标必须做的工作，你才可能花时间去提高自己的素质和技能，去热爱自己的工作，这样的结果自然会有好的工作绩效。孔圣人两千多年前就说过“知之者不如好之者,好之者不如乐之者”再没有什么能比自己喜欢的工作更能激发热情、倾注心力了。所以,找到这样的工作,你想不做出成绩来都难。当然,有的人天分很好,喜欢不喜欢自己的工作都能把工作做好。但可以肯定的是,做自己喜欢的工作,选对自己努力的方向,你肯定比做不喜欢的工作做得更好,更能出成绩。

好工作就是你做得好的工作,因为喜欢,你愿意做好;因为擅长,你能够做好。所以,你就能在你的工作中取得非凡的成就,获得人生的成功。

有一个男孩,他的父母希望他能成为一个体面的医生。可是男孩读到高中时便迷上了计算机,整天摆弄着一台现在看来十分落后的电脑,经常把主板拆下又装上,装上又拆下并乐此不疲。

男孩的父母很伤心,告诉他应该用功念书,否则很难立足社会。可是,男孩说:“有朝一日我会开一家公司。”父母根本不相信,还是千方百计按自己的意愿培养男孩,希望他能成为一位医生。

不久,男孩终于按照父母的意愿考入了一所大学的医科,可是他只对电脑感兴趣。在第一学期,他从当时零售商处买来降价处理的个人电脑,在宿舍里改装升级后卖给同学。他组装的电脑性能优良,而且价格便宜。不久,他的电脑不但在学校里走俏,而且连附近的律师事务所和许多小企业也纷纷来购买。

第一个学期快要结束的时候,他告诉父母,他要退学。父母坚决不同意,只允许他利用假期推销电脑,并且承诺,如果一个夏季销售不好,那么,必须放弃推销电脑。可是,男孩电脑生意就在这个夏季突飞猛进,仅用了一个月的时间,他就完成了18万美元的销售额。他的计划成功了,父母同意他退学。

他组建了自己的公司,打出了自己的品牌。在很短的时间内，他良好的业绩引起了投资家的关注。第二年，公司顺利地发行了股票，他拥有了1800万美元的资金，那年他才23岁。

10年后，他创下了类似于比尔·盖茨般的神话，拥有资产达43亿美元。他就是美国戴尔公司总裁迈克尔·戴尔。

比尔·盖茨曾经亲自飞赴他的住所向他祝贺，对他说："我们都坚守自己的信念，并且对这一行业富有激情。"

比尔·盖茨和迈克尔·戴尔是新经济时代最富有典型意义的两个财富神话。他们的经历相似，都是中途退学，都成为了世界上顶尖的大富豪。也许他们的经历并没有普遍意义，但至少给我们的启迪是：**选择你真正喜欢的事业，更容易获得辉煌的成绩。**

还有什么比在一个既不喜欢又不擅长的岗位上苦熬光阴，虚掷年华更可悲的事情呢？但总是会有一些人他们听别人说这说那，被别人的意见左右，被面前的困难吓退，最终还是只能在自己不喜欢也不擅长的工作岗位上苦度光阴，一生了无成就，空留浩叹。

有一位机械师不喜欢自己的工作，想转行，却迟迟下不了决心，因为很多人都劝他，他已经学了20几年的机械，如果突然换工作，会感到很不适应，尽管不喜欢，却无法抛开累积20多年的机械专业知识。他想改变，但又觉得别人说的有道理，他确实无法丢掉过去的东西，只能在这个岗位上一天天地混着，既无法突破，更不能摆脱，这让他苦恼不已。

很显然，这位机械师如果早些醒悟及时抽身，一切都来得及，找到他最喜欢的工作，努力拼搏，一定会是另一番人生境遇；又或者，他能在现在的工作上扎扎实实地努力，也会做出一番成就。但他就在这种摇摆中虚度着光阴。所以，不要太在意别人说什么。只要设定了人生目标，就要选择正确的方向，找到自己最喜欢也最擅长的工作，努力、拼搏、奋斗、进取，坚定不移地向着既定的目标进发，才能最终抵达成功的终点。

是否选对工作对我们每一个人都十分重要，不喜欢的工作会变成一个人的“有期徒刑”，喜欢的工作则可能让人过上快乐富足的一生。其中的关键，在于自己想要的是什么，而不是听别人怎么说。

4　着眼长远，规划自己的职业生涯

人们经常为周末度假而规划，为一次旅行而规划，甚至为一顿早餐而规划。但是，却很少思考自己的一生该如何度过，为自己生命中最重要的事情——职业做个像样的规划。要知道，职业生活会占据我们人生80000小时，那么为什么不花点时间来好好规划一下自己的未来呢？

从很多成功人士的身上我们可以看到，他们之所以会成功，是因为他们在有意识地管理他们的人生，从人生的起点处就开始规划，每一步的前行，都在他们的规划之内，所以，他们最终成功。社会竞争激烈，犹如百米赛跑，不能有丝毫懈怠。起点上输一寸，就会在终点上输一丈，不早做规划又如何能成功呢？

哈佛大学曾对一群智力、学历、环境等客观条件都差不多的年轻人，做过一个长达25年的跟踪调查，调查内容为规划对人生的影响，结果发现：

——87%的人，人生规划模糊，或者没有自己的目标和规划。

——10%的人，有清晰但比较短期的人生规划。

——3%的人，有清晰且长期的人生规划。

25年后，这些调查对象的生活状况如下：

3%的有清晰且长远人生规划的人，25年来几乎都不曾更改过自己的人生目标，并且为实现目标做着不懈的努力。25年后，他们几乎都成了社会各界顶尖的成功人士，他们中不乏白手创业者、行业领袖、社会精英。

10%的有清晰短期人生规划者，大都生活在社会的中上层。他们的共同特征是：那些短期人生规划不断得以实现，生活水平稳步上升，成为各行各业不可或缺的专业人士，如医生、律师、工程师、高级主管等。

在另外的87%中人生规划模糊的人，几乎都生活在社会的中下层面，能安稳地工作与生活，但都没有什么特别的成绩。

那些没有目标和规划的人，几乎都生活在社会的最底层，生活状况不如意，经常处于失业状态。

调查者因此得出结论：目标对人生有巨大的导向性作用。成功，在一开始仅仅是一种选择，你选择什么样的人生规划，就会有什么样的人生。

既然人生规划可以让我们做得更好，我们已经踏上了工作的岗位，就非常有必要规划一下我们的职业生涯了。

规划自己的职业生涯，每个人都有自己的方法，重要的一点是，要根据自身的特点来规划，不能盲目攀比，追赶潮流，不切实际。下面介绍“七步职业生涯规划法”，希望对你有所帮助。

第一步，分析自己，认识自己

职业生涯规划的重要内容之一，是对自己进行分析。通过分析，认识自己，了解自己，估计自己的能力，评价自己的智慧，确认自己的性格，明白自己能干什么，该干什么，从而确定符合自己兴趣与特长的生涯路线。正确设定自己的职业发展目标，制订行动计划，使自己的才能得到充分发挥，使自己得到应有的发展，以实现职业发展目标。

王艳到国外去留学，是以交换学生的身份去的，还是继续攻读自己的本专业——自动化控制。一年的本科课程结束后，由于考虑到在国外待的时间较短，不论在知识还是能力上都没有太大的提高，于是，王艳选择攻读硕士。

在攻读硕士期间，除了努力补充自己的专业知识外，王艳开始就有意识地寻找一些工作的机会。她的目标非常清楚：一是与自己的专业相关，二是公司要在上海有分公司。这样的工作岗位可以充分发挥自己跨文化交流的优势，而且若有可能，毕业后可能被正式录用，派到中国工作。

目标确定后，王艳通过朋友、网络等方式，开始注意这方面的信息。功夫不负有心人，临近硕士毕业的时候，正好有一家公司的跨国事业部招人，王艳非常轻松地通过了面试。在这个国家，技术人员毕业后办理就业签证比较容易，所以毕业后王艳顺利留在该国工作了两年。两年后，公司正好准备扩大在中国的投资，于是总部派她到上海负责统筹工作。

王艳每一步的成长，完全在她的计划之中。

所以，成功的事业人生是需要正确规划的。追求自我实现、事业成功是许多人一生的奋斗目标，但不是每个人都能够达到人生的最高境界，其差别就在于能不能做好你的职业规划。

第二步，分析你的优势、劣势、机遇和挑战

分析完你的需求，试着分析自己的性格、所处环境的优势和劣势以及一生中可能会有哪些机遇、职业生涯中可能有哪些威胁。

第三步，确立你的长期目标和短期目标

根据你认定的需求，自己的优势、劣势、可能的机遇来确立自己长期和短期的目标。例如，如果你分析自己的需求是想授课，赚很多钱，有很好的社会地位，则你可选的职业道路会明晰起来。你可以选择管理讲师作为你的职业。这要求你的优势包括丰富的管理知识和经验，优秀的演讲技能和沟通技能。在这个长期目标的基础上，你可以制定自己短期目标来一步一步实现。

第四步，明确阻碍你实现你目标的因素，然后想办法克服它

确切地说，写下阻碍你达到目标的因素，包括你自身的缺陷、所处环境中的劣势等。它们可能是你的素质方面、知识方面、能力方面、创造力方面、财力方面，也可能是行为习惯方面。当你发现自己不足的时候，就下决心改正它，这能使你不断进步。

第五步，修改与完善你的计划

事物是不断发展的，计划没有变化快，原定计划在过了一个时期后可能不合时宜了，那么你就需要修改与完善你的计划。在实现总的目标的过程中你也许遇到了以前没想到的麻烦。为了解决这些问题，你可能会需要掌握某些新的技能，提高某些目前的技能，或学习新的知识。

第六步，一个人的力量毕竟有限，需要的时候请寻求帮助

能分析出自己行为习惯中的缺点并不难，但要去改变它们却很难。相信你的父母、老师、朋友、上级主管、职业咨询顾问等，他们都可以帮助你。有外力的协助和监督会帮你更有效地实现你的目标。

第七步，分析自己的角色

每个人都应该有自己的角色意识，知道自己所处的位置以及所做的事情。如果你目前已在一个单位工作，对你来说下一步就是如何在这个单位做得更好。反思一下这个单位对你的要求和期望是什么，做出哪种贡献可以使你在单位中脱颖而出。大部分人在长期的工作中趋于麻木，对自己的角色并不清晰。但是，就像产品在市场中要有其特色的定位和卖点一样，你也要做些事情，一些相关的、有意义和影响但又不落俗套的事情，让这个单位知道你的存在，认可你的价值和成绩。成功的人会使得自己在公司变得不可替代，显出自己的重要性。平庸的人对公司来说则可有可无。

在制定个人的职业生涯规划时，要分析环境条件的特点、环境的发展变化情况、自己与环境的关系、自己在这个环境中的地位、环境对自己提出的要求以及环境对自己有利的条件与不利的条件，等等。只有对这些环境因素充分了解，才能做到在复杂的环境中避害趋利，使你的职业生涯规划具有实际意义。

5　学会自信，信心有多高成就就有多大

自信就是要在认识自己的基础上相信自己，自己信得过自己，自己看得起自己，就是对自己能够达到某种目标的乐观、充分估计，就是相信自己可以面对任何困难，可以应对任何挑战。自信是激励自己奋发进取的一种心理素质，自信也是一个人至为重要的一种品格。**没有自信心，就没有生活的热情和趣味，也就没有探索拼搏的勇气和力量。**成功路上，最需要的就是自信心。美国作家爱默生曾说过："自信是成功的第一秘诀。"

有一位女歌手，第一次登台演出，内心十分紧张。想到自己马上就要上场，面对上千名观众，她的手心都在冒汗："要是在舞台上一紧张，忘了歌词怎么办？"越想，她心跳得越快，甚至产生了打退堂鼓的念头。

就在这时，一位前辈笑着走过来，随手将一个纸卷塞到她的手里，轻声说道："这里面写着你要唱的歌词，如果你在台上忘了词，就打开来看。"她握着这张纸条，像握着一根救命的稻草，匆匆上了演台。也许有那个纸卷握在手心，她的心里踏实了许多。她在台上发挥得相当好，完全没有失常。

她高兴地走下舞台，向那位前辈致谢。前辈却笑着说："是你自己战胜了自己，找回了自信。其实，我给你的，是一张白纸，上面根本没有写什么歌词！"她展开手心里的纸卷，果然上面什么也没写。她感到惊讶，自己凭着握住一张白纸，竟顺利地刻服了心理压力，获得了演出的成功。

"你握住的这张白纸，并不是一张白纸，而是你的自信啊！"前辈说。

歌手拜谢了前辈。在以后的人生路上，她就是凭着握住自

信，战胜了一个又一个困难，取得了一次又一次成功。

自信心对于成功非常重要。许多伟人之所以成功，就因为他们具有强大的自信心。比如毛泽东，就是一个十分自信的人。他还在湖南一师读书时就立下豪言："我要改造中国和世界。"正是这种自信心的激发，他站在了成功的顶峰。

自信是对自己能力的认可，自信使不可能成为可能，使可能成为现实。

自信是成功最重要的精神支柱。如果没有自信心的支撑，遇到困难我们就会退缩，遇到打击我们就会丧气，遇到失败我们就会放弃，又何来成功可言？

世界级的推销大师哥特曼曾经说过：**"推销从被拒绝开始"**。如果你不接受拒绝是不可能学会做推销的，曾经有人做过一个有趣的调查，就是调查美国、日本、韩国、巴西四个国家的推销人员在30分钟的谈判过程中，客户或潜在客户说"不"的次数，也就是遭到拒绝的次数结果为：日本人是2次；美国人是5次；韩国人是7次；巴西人最多，42次。让人感既的是，虽然免不了要接受如此之多的拒绝，但是，优秀的推销员却从来没有因此而颓丧，他们总是会在一次又一次的拒绝之继续他们的推销旅程，并无一例外地最后都获得了成功。在采访这些优秀的推销员的成功秘诀时，他们不约而同地提到了两个字：自信。

因为自信，他们明白所推销的产品的真正的优点；因为自信，他们更明白自己的推销艺术的成功度有多高；因为自信，他们从来不会因为别人说"不"而退缩。所以，他们总会成功。

培根曾经说过一句话：**"人生最重要的才能，第一是无所畏惧，第二是无所畏惧，第三还是无所畏惧。"**这种无所畏惧的精神，就是自信。这种自无所畏惧的自信可以帮助你劈开一切荆棘，克服一切困难，直面一切挫折，承受一切打击，从而一直向着梦想飞奔，一直向着成功迈进。

所以，在人的一生中，自信是最不可确少的品质之一。

小泽征尔是世界著名的交响乐指挥家。在一次世界优秀指挥家大赛的决赛中，他按照评委会给的乐谱指挥演奏，敏锐地发现了不和谐的声音。起初，他以为是乐队演奏出了错误，就停下来重新演奏，但还是不对。他觉得是乐谱有问题。这时，在场的作曲家和评委会的权威人士坚持说乐谱绝对没有问题，是他错了。面对一大批音乐大师和权威人士，他思考再三，最后斩钉截铁地大声说："不！一定是乐谱错了！"话音刚落，评委席上的评委们立即站起来，报以热烈的掌声，祝贺他大赛夺魁。

自信是所有成功者都拥有的品质，是成功的基石，是成功的第一秘诀。一位成功学家曾说："你的成就大小，往往不会超出你自信心的大小。假如你对自己的能力没有足够的自信，你也不能成就重大的事业，不期待成功而能取得成功的先决条件，就是自信。"

自信的人往往能成功。没有自信，没有目标，你就会失去主见，一事无成。相反，有了自信，我们就会坚持我们的方向，坚守我们的阵地，不管遇到什么困难、什么阻碍，都不会停下自己的脚步，改变自己的心志，就会战胜一切困难，激起冲天豪情，勇往直前，不畏不惧，并最终赢得成功。

少年时期的毛泽东，就很有自信心，有一种天地之间，舍我其谁的英雄气概，我们可以从他年少时那首《咏蛙》诗中看出来："独坐池塘如虎踞，绿杨树下养精神。春来我不先开口，哪个虫儿敢做声。"

短短二十几字就表现出少年毛泽东满怀信心，豪气冲天，霸气十足，事实也是这样，纵观毛主席的一生不管是哪个时期都满怀信心，豪气冲天。

1929年年底，党和红军内部不少人对革命前途表示出悲观情绪，林彪在一部分人当中散发了一份对红军前途究竟如何估计的征求意见信。毛主席用"星星之火，可以燎原"发表了著述，批评了林彪以及党内一些同志对时局估量的悲观思想。“星星之火,可以燎原”这句话体现了战争困难时期毛主席那种自信和豪情。

毛泽东在长征初期,经历了很多的挫折,大多数建议都不被组织采纳,然而他并没有退缩,而是更加坚强和自信,才会有后来在陕北纵横驰骋。他事业的成功与他个人的旗帜是分不开的,向来就充满豪情和霸气,总是胸有成竹,这就是他的自信。

抗日战争时期,很多中国人在为《速胜论》和《亡国论》辩论不休的时候,毛主席《论持久战》的发表无疑是黑暗中的一座明亮的灯塔,事实证明了《论持久战》中的日本侵略者必然失败的结论。解放战争时期,面对号称800万精锐的蒋介石部队,他预测只要三至五年,结果只花三年就把蒋介石赶到台湾,这个过程就是毛主席信心和霸气的表现。同时,他的很多诗词语录,譬如“一切反动派都是纸老虎!”譬如写于1965年的《念奴娇·鸟儿问答》中一句“不须放屁!试看天地翻覆”,写于1936年的《沁园春·雪》中的“俱往矣,数风流人物,还看今朝”无一不表现他的自信和豪情。

自信是发自内心的自我肯定与相信。自信无论在人际交往、事业工作上都非常的重要。只要自己相信自己,他人就会相信你。自信是催人奋进的号角,自信是跨越成功彼岸的天桥,信心有多高,成就就会有多大,这是成功的铁律!所以,建立起你的自信吧,这是走向成功必须具备的品质。

6 赢在人品,好人品是做好工作的前提和基础

人品,对于人的一生有着举足轻重的作用;人品,是人生最伟大、最久

远、最无价的财富。人品决定未来,人品决定成败,人品是走向成功的基础,人品是做人成事的第一要素。如果你拥有正直高尚的品性,那么成功、荣誉、财富等都会纷至沓来,否则,这一切都将永远离你远去。人品就像火车的方向、路轨,而才能是火车的发动机。如果方向、路轨偏了,发动机的功率越大,造成的危害也就越大。

良好的人品比权势更有威力,比知识更受敬重,比财富更荣耀,比能力更珍贵,比世间一切的浮华和名誉都更有价值。人与人之间并没有多大不同,成功者与失败者、卓越与平庸之间的迥异之处正在于人品的高下。优秀的人品是个人成功最重要的资本,是人最核心的竞争力,只有好的人品是推动一个人人生不断前进的动力。

在美国有一个广泛流传的故事:

美国加州的数码影像有限公司需要招聘一名技术工程师,有一个叫史密斯的年轻人去面试,他在一间空旷的会议室里忐忑不安地等待着。不一会儿,有一个相貌平平、衣着朴素的老者进来了,此时史密斯站了起来。那位老者盯着史密斯看了半天,眼睛一眨也不眨。正在史密斯不知所措的时候,这位老人一把抓住史密斯的手:"我可找到你了,太感谢你了!上次要不是你,我可能就再也看不到我女儿了。"

"对不起,我不明白您的意思。"史密斯一脸迷惑地问道。

"上次,在中央公园里,就是你,就是你把我失足落水的女儿从湖里救上来的!"老人肯定地说道。

史密斯明白了事情的原委,原来他把自己错当成女儿的救命恩人了。"先生,您肯定认错人了!不是我救了您女儿!"史密斯回答到。

"是你,就是你,不会错的!"老人又一次肯定地回答。

史密斯面对这个感激不已的老人只能努力解释:"先生,真的不是我!您说的那个公园我至今还没去过呢!"

听了这句话，老人松开了手，失望地望着史密斯："难道我认错人了？"

史密斯安慰老人："先生，别着急，慢慢找，一定可以找到救你女儿的恩人的！"

后来，史密斯接到了寻取通知书。有一天，他又遇见了那个老人。史密斯关切地与他打招呼，并询问他："救您女儿的恩人找到了吗？"

"没有，我一直没有找到他！"老人默默地走开了。

史密斯心里很沉重，对旁边的一位司机师傅说起了这件事。不料那司机哈哈大笑："他可怜吗？他是我们公司的总裁，他女儿落水的故事讲了好多遍了，事实上他根本没有女儿！"

"噢？"史密斯大惑不解。

那位司机接着说："我们总裁就是通过这件事来选人才的。他说过有德之人才是可塑之才！"

史密斯被录用后，兢兢业业，不久就脱颖而出，成为公司市场开发部总经理，一年为公司赢得了3500万美元的利润。当总裁退休的时候，史密斯继承了总裁位置。

是高尚的人品为史密斯带来了这一切。世间技巧无穷，唯有德者可用其力！世间变幻莫测，唯有品格可立一生！这就是成功人士经验中的经验。"道之以德"、"德者得也"。

闻名世界的实业家马歇尔·菲尔德曾经说过："对于一个初出茅庐的年轻人而言，做人的首要品质是诚实、勤奋、节俭和正直。这些品质比什么都重要，他们是任何时代都不能缺少的。一个人如果没有这些品质，必定一事无成。"相反，如果有着良好的人品，即使山穷水尽处，也能有柳暗花明路。

某幼儿园招聘幼教，即将毕业的晓梅抱着试试看的心态前往应聘。到面试地点一看，应聘者竟有20多人，晓梅顿感希望渺茫。但既来之则安之，她和其他人一样在外面静候。

就在这时，天气突变，狂风卷着乌云黑压压的涌过来，眼看着大雨就要倒下来。这下可把幼儿园里的一些工作人员忙坏了——幼儿园里刚运送来一批儿童玩具，需要卸载、搬运到室内。看着工作人员忙碌，众多应聘者有的漠不关心，有的虽也有着急的表现，然而看到面试时间马上到了，也就只是看看。倒是晓梅和另一名应聘者看在眼里急在心里，她想，反正一时也面试不完。于是急匆匆地下去帮着工作人员卸起玩具来。

刚卸玩，大雨就呼啦啦地倾盆而下，晓梅还被雨水淋湿了，显得很是狼狈。

由于时间上的耽误，晓梅是最后一个参加面试的。晓梅心想：完了，完了，就这副形象，还能成功？于是晓梅就当这次面试是练练胆，不再想其他的了。然而让她想不到的是，三天后，幼儿园通知她去报到……

事后晓梅得知，她的成功并非自己学业成绩比其他人优秀，也并非她心理素质比别人高，而是因为领导看她有助人的“爱心”。而爱心正是幼教工作特别需要的，是她的人品成就了她的事业。

立身先立德，成事先成人，好人品是成事的基础。但这并不是说一个具有良好人品的人就是一个完美的人，就是一个能远离闲言碎语的人。相反，有时一个正直无私、忠诚守信的人常常会受到非议，饱受流言的困扰。这其实也没有什么，因为闲言碎语任何时候都不会停止，这和你自己的人品无关，只和那些“长舌”的人有关。正事忙着的人一般没时间传播闲言，心地坦荡的人更没有地方存放闲言，只有心怀不轨的人和无所事事的人，才和闲言为伍。无所事事的人是闲言的制造者和传播者，心怀不轨的人将闲言碎语加以拼合、组装，于是闲言不再是闲言，碎语也不再是碎语了，非议和诋毁也就来了，有时甚至会要了人的命，正所谓“唾沫星子淹死人”。

一代名伶阮玲玉就是一个被流言逼死的活生生的例子。

阮玲玉，原名阮凤根，学名阮玉英，中国早期影星之一。广东香山(今中山)南朗左步关村人，1910 年 4 月 26 日出生于上海。1926 年，为自立谋生，奉养母亲，考入上海明星影片公司，主演处女作《挂名夫妻》，从此踏入影坛。

之后，相继在“明星”、“大中华百合”公司主演近 20 部影片，所扮演在爱情、婚姻方面屡遭不幸的少女或娇媚泼辣的风流女子。1930 年进联华影业公司，主演该公司创业作《故都春梦》，扮演妓女燕燕获得成功，奠定了她在影坛的地位。

此后，她在《野草闲花》、《三个摩登女性》、《小玩意》、《城市之夜》、《人生》、《归来》、《再会吧，上海》、《香雪海》、《神女》、《新女性》、《国风》等一系列影片中担任主角，在这批揭露社会黑暗，表现下层劳苦群众生活的影片中，成功塑造了各种饱受苦难的中国妇女形象。

阮玲玉端庄大方，清丽脱俗。对待表演艺术，她勤奋刻苦，倾注了全部的热情，不懈追求。表演中，她能够准确地体味人物的情感，捕捉到人物感觉，并用适当的眼神、表情、动作准确地表现出来。这种准确的内心感应力和形体表现力结合得又非常自然，显示出她卓越的才华和非凡的功力。她的表演才华横溢，光芒四射，达到了中国无声电影时期表演艺术的最高水平，赢得广大观众由衷的倾慕。

然而，这位卓越的女演员婚姻生活十分不幸。其夫张达民是个花花公子，后来家道败落，全靠阮玲玉挣钱养着，却还不满足，死缠滥打，变成了一个十足的无赖。1933 年，阮玲玉与其夫张达民协议离婚。后与茶商唐季珊同居。

1935 年春，《新女性》上映后，阮玲玉主演的人物颇受舆论非议，私生活亦被“曝光”。而此时张达民也否认订有离婚协议，向法院上诉，法院遂定于3月9日传讯阮玲玉。

1935年3月8日，阮玲玉因不堪忍受社会及舆论的侮辱和迫害，留下一封“人言可畏”的遗书，服毒自杀身亡。消息传出，各界为之震惊。遗书全文为：

我不死不能证明我冤，我现在死了，总可以如他心愿，你虽不杀伯仁，伯仁由你而死，张达民我看你怎样逃得过这个舆论，你现在总可以不能再诬害唐季珊，因为你已害死了我啊！我现在一死，人们一定以为我是畏罪，其实我何罪可畏？因为我对于张达民没有一样有对他不住的地方，别的姑且勿论，就拿我和他脱离同居的时候，还每月给他一百元，这不是空口说的话，是有凭据和收条的。可是，他恩将仇报，以冤来报德，更加以外界不明，还以为我对他不住。唉！那有什么法子想呢？想之又想，惟有一死了之罢。唉！我一死何足惜，不过还是怕人言可畏，人言可畏罢了。

阮玲王绝笔

人言可畏！阮玲玉是有感而发，但人言确实是可畏的。你有再好的人品有时也禁不住流言的侵蚀，比如冤死的屈原、蒙冤的苏东坡。俗话说，百口难辩，众口烁金。但是，我们不能因为别人的说法而改变自己对优秀人品的追求。不管别人说什么，我们还是要有我们自己的原则，磨砺自己的人品，坚守自己的信仰。

好的人品是做人成事的第一要素。不管你学历多高、能力多强、背景多硬，没有人品，你就不可能在这个世界上成就事业。所以，不要管别人说什么，你要维护你的正直，坚守你的忠诚、担当你的责任，磨砺你的人品，坚守你的品性。

7 坚定信念，为自己的理想奋发努力

一个人要想获得成功，就必须拥有坚定的信念。信念是对未来的执著与向往，是你最重要的优势资源，无论是在生活上还是在学习中，都要用信念撑起生活的风帆，逆流而上，永不停止。“在这个世界上，没有人能够使你倒下，如果你自己的信念还站立着的话”，这是著名美国黑人领袖马丁·路德·金的名言。它告诉我们，信念是引领我们走向成功的指路灯。

1949 年，一位 24 岁的年轻人充满自信地走进美国通用汽车公司，应聘会计工作。他来应聘的原因是他的父亲曾经说过“通用汽车公司是一家经营良好的公司”，并建议他去看一看。

面试的时候，他的自信使助理会计检察官印象深刻。当时只有一个职务空缺，面试的人告诉他那个职位十分难做，一个新手很难应付得来。但他当时只有一个念头，就是进入通用汽车公司，展现他足以胜任的能力与出色的规划能力。

当面试官在聘用这位年轻人之后，曾对他的秘书说：“我刚刚雇用了一个想当通用汽车董事长的人。”

这位年轻人就是通用汽车前董事长罗杰·史密斯。罗杰刚进公司的第一位朋友阿特·韦斯特回忆说：“在合作的一个月中，罗杰郑重地告诉我，他将来要成为通用汽车的总裁。”正如罗杰所愿，32 年后，他成了通用的董事长。

如果不是罗杰这种远大的目标和坚定的信念的支撑，相信他难以在通用待上 32 年，更别说 32 年一直为这个目标努力了。**信念，是我们奋斗的动力；坚守，是我们努力的方向。**坚守信念，是我们用勇气和毅力为自己筑就的一条成功之路。

坚守信念，也许是一个艰难的过程，也许是一个痛苦的经历，但为了它，我们依然可以无悔于自己一切的汗水，骄傲于自己为了梦想的奋发努力，更快乐于我们获得成功后的喜悦和满足。

随着《哈利·波特》风靡全球，该书的作者罗琳成了英国最富有的女人，她所拥有的财富甚至比英国女王还要多。她的成功也与她的努力和坚定密不可分。

罗琳从小就热爱英国文学，热爱写作和善于讲故事。大学毕业后，她只身前往葡萄牙求发展，和当地的一位记者坠入情网，并结婚。无奈的是，这段婚姻来得快去得也快。婚后不久，罗琳便带着3个月大的女儿杰西卡回到英国，栖身于爱丁堡一间没有暖气的小公寓里生活。

丈夫离她而去，工作没有了，居无定所，身无分文，再加上待哺的女儿，罗琳一下子变得穷困潦倒。她不得不靠救济金生活，经常是女儿吃饱了，她还饿着肚子。家庭和事业的失败，并没有打消罗琳写作的积极性。有时为了省钱、省电，她甚至待在咖啡馆里写作，一待就是一整天。

在这样艰苦的环境中，罗琳没有放弃，始终以积极的心态去写作。即使在最落魄的时候，她仍然保持着乐观与自信，相信自己的文学创作会得到应有的回报。她的第一本《哈利·波特》诞生了，创造了出版界的奇迹，她的作品被翻译成35种语言在115个国家和地区发行，她的作品轰动了全世界。

罗琳从来没有放弃过自己的信念，即使生活在最艰难的时候。她也坚信有一天自己必定会到达事业的顶峰，并且从来没有停止过为了自己的理想而奋发努力。

人生的路充满崎岖，美好的梦想往往离我们又是如此遥远，似乎那么遥不可及，仿佛一切坚守都是徒劳。其实不然，没有征服不了的山峰，没有到达不了的彼岸，没有跨越不去的障碍。只要信念还在，只要努力不辍,只要愿意坚守,没有什么样的梦想不能实现。没有实现不了的信念,一切贵在坚守。

一个山野"草民"想要称王,可能吗?可是陈胜做到了;一个身材矮小反应"迟钝"的人想成为运动员,可能吗?可是邓亚平做到了;一个半途而废的学生想开创一番事业,可能吗?可是比尔·盖茨做到了……一切的不可能因为他们坚定的信念,开出了最美的鲜花,结出了最甜美的果实。

信念,可以是一份安宁的精神生活,可以是一个敢于雄霸世界的勇气,也可以是为此甘愿放弃一切的追求……总之,经过我们坚守后,它才算得上是真正的信念,才是一个让我们敢于面对一切的挑战决不退缩的信仰。

安德鲁·卡耐基曾经说:"我是不会帮助那些缺乏成为企业领袖的盛装的年轻人的。"要敢于树立这样的目标:我要成为主管、经理和老总。不管你目前的职位有多低,仍然应该勇敢地告诉自己:"我不仅仅是这个水平,我的职位应在更高处。"要敢于梦想,要下定决心——得到那个让人羡慕的职位,并且发誓一定要为之竭尽全力,绝不半途而废。

齐瓦勃出生在美国乡村,只受过很短的学校教育。15 岁那年,家中一贫如洗的他就到一个山村做了马夫。然而雄心勃勃的齐瓦勃无时无刻不在寻找着发展的机遇。三年后,齐瓦勃终于来到钢铁大王卡耐基所属的一个建筑工地打工。一踏进建筑工地,齐瓦勃就抱定了要做同事中最优秀的人的决心。当其他人在抱怨工作辛苦、薪水低而怠工的时候,齐瓦勃却默默地积累着工作经验,并自学建筑知识。

晚上,同伴们在闲聊,唯独齐瓦勃躲在角落里看书。一天,恰巧公司经理到工地检查工作,经理看了看齐瓦勃手中的书,又翻开了他的笔记本,什么也没说就走了。第二天,公司经理把齐瓦勃叫到办公室,问:"你学那些东西干什么?"齐瓦勃说:"我想我们公司并不缺少打工者,缺少的是既有工作经验、又有专业知识的技术人员或管理者，对吗?”经理点了点头。不久，齐瓦勃就被升任为技师。

有些人讽刺挖苦齐瓦勃，他回答说：“我不光是在为老板打工，更不单纯为了赚钱，我是在为自己的梦想打工，为自己的远大前途打工。我们只能在业绩中提升自己。我要使自己工作所产生的价值远远超过所得的薪水，只有这样我才能得到重用，才能获得机遇!”抱着这样的信念，齐瓦勃一步步升到了总工程师的职位上。25岁那年，齐瓦勃又做了这家建筑公司的总经理。

坚守自己的信念，激发内心深处前行的动力，奋发努力，为了梦想和目标永不放弃，最终一定会实现自己的梦想，获得人生的成功。

第二章　自觉自愿　忠诚敬业

——兢兢业业做自己的工作，不管别人说什么

我们工作不是为别人，而是为自己，努力工作和不努力工作，最大的受益者和受害者都是自己。为自己工作，就要兢兢业业、自觉自愿、忠诚敬业，而不要在乎别人说什么。别人的冷嘲热讽只会打消我们的热情，消磨我们的意志，有百害而无一益，那我们在乎它做什么？

1　比谁都明白工作是为自己干的

职场中经常有这样的一些人，他们每天在茫然中上班、下班，到了固定的日子领回自己的薪水，高兴一番或者抱怨一番之后，仍然茫然地去上班、下班，等待下一个月的薪水的到来……他们从不思索关于工作的问题：什么是工作？自己在为谁而工作？可以想象，这样的人，只是被动地应付工作，为了工作而工作，不可能在工作中投入自己全部的热情和智慧。他们只是在机械地完成任务，而不是为自己的前途、为自己的人生发展而工作。

当你在为公司努力工作时，公司的利益和个人的利益在此便画上了等号。你兢兢业业地工作不仅仅有利于公司和老板，真正的最大的受益者是自己。所以工作其实是为自己干的，那还有什么理由不兢兢业业奋发努力呢？

著名的马卡姆是伊里诺伊中央线路局局长。他成功的第一步就是因为他把一件极小的事情做得非常彻底——在扫车站的月台时，扫得非常仔细。该铁路前巡回审计主任杰拉尔德说："我第一次见到马卡姆，是在黎明，我正坐在月台前的一个专车里，当时他穿着深蓝色的工作服，正在打扫月台。他那种扫月台的方法。引起了我的注意。他不留一点尘垢，也不乱用一点气力，就好像工程师设计一项工程一样。当时副监察主任鲁雷特和我同在一辆车上，我便叫他注意那个工人扫月台的方法，我们都觉得这个工人值得注意。我们以后对他便格外留心。因为一个扫地也能扫得这样好的员工肯定可以做很多大事。我们就让他在车站上做另外一项工作，想先试试他，他同样做得非常出色，我们便把他升为头等站长。"对于马卡姆来说，当初他自己肯定没有料到,仔细认真地打扫月台会成为他升迁至铁路局局长的第一个台阶。

从表面上看,你每天的工作,就是在为公司招揽业务,赢取利润而忙碌。实际上,身处在公司这个系统中,公司支付给你的工作报酬固然是金钱,但你在工作中给予自己的报酬则是珍贵的经验、良好的训练、才能的表现和品格的励练。这些东西与金钱相比,其价值要高出千万倍。工作是你提升自己、成就自己的舞台,你的表演越出色,鲜花和掌声就会越多。所以,尽快放弃那种为了薪水而工作的念头吧,它是你成功路上最大的绊脚石!你不只在为公司工作,你更是在为自己工作。

不管从事什么样的工作都要明白一点,那就是我们是在为自己工作。不管在哪打工,我们都是为自己打拼。《羊城晚报》曾刊登过李俊写的一篇文章,让人很受启发。

正月初三,李俊给他的二姨妈拜年,二姨妈留他吃饭。二姨妈的两个儿子都在私企打工,喝酒时,李俊问他们:“收入怎么样?”

两个表弟都说:“还好。”

不过,他俩都说:“不想干了。”

李俊于是问他们:“为什么?”

他俩说:“老板很讨厌,不想给他干了……”

听后,李俊劝他们不能这么想。

李俊对他们说:“我过去也在私企干过,说句实话,我也有过这种想法。认为在私企干就是为老板干,想想自己辛辛苦苦干了一个月,为老板挣了那么多钱,自己到头来就拿那么点钱,还要天天看老板的‘脸色’,真是越想越不开心。由于有这种想法,我在每家私企都干不长,长则半年,短则一个月。频繁地跳槽,没挣到钱不讲,人的精力还付出了很多。现在,岁数大了些,回过头来想想,终于想通了,其实在哪干都是一样的,都是为自己干，为自己打工。虽然，私企是老板个人的，看似是为老板打工，实际上还是为自己打工。试想，不打工哪来钱，没有钱又怎么能养活自己呢？如果成了家，有了孩子，不但要养活自己，还要养活孩子，不打工又怎么行呢？再有，打工可以增长自己的才干和经验，莫忘了这对自己来讲可是一笔很大的无形资产。一句话，人活着就要干事。不论在哪干事都是干事，干事才能养活自己。在机关是干事，在私企也是干事。从大的方面来讲，是为国家干事、为社会干事；从小的方面来讲，都是为自己打工，只不过是分工不同而已。”

说到这里，李俊劝两个表弟千万不要有为老板打工的想法，多想想为自己打工，只有这样你的“饭碗”才能捧得稳。

我想李俊的话不仅对两个表弟有很好的引导作用，对于我们每一个职场中人，又何尝不是醍醐灌顶般的警醒？

我们每个人其实都应该问问自己到底在为谁工作？为什么工作？

我们在为谁工作？我们是为自己而工作，我们不是在为企业打工，也不是在为老板打工，而是在为自己工作。因为工作不仅让我们获得薪水，更重要的是，它还教给我们经验、知识。通过工作，能够提升自己的能力，从而使自己变得更有价值。只有对自己的工作目的有了正确的认识，才能以饱满的热情、自动自发的工作态度、积极的开拓进取精神、顽强拼搏的斗志投身到工作中去，才能实现自己的人生梦想和职业目标。

工作中比薪水更重要的是学习经验、锻炼能力、获得成长的机会。眼睛只盯着钱，斤斤计较，生怕吃一点儿亏，这样的人看起来目标明确，显得很精明，事实上却是“捡了芝麻丢了西瓜”。以金钱为导向，往往会被短期利益蒙蔽住心智，使他们看不清未来发展的道路，结果就是即便日后努力振作、奋起直追，也无法超越那些眼光高远的人。

真正胸怀大志的人，绝不会眼中只盯着钱，只为钱而工作的。他们为自己的梦想、为自我的价值而努力。

比如世界首富比尔·盖茨，坐拥几百亿美元的个人资产，他还需要为钱工作吗？大导演斯蒂芬·斯皮尔伯格也早已有10多亿美元的财产净值，过上优裕的生活绝是问题，可他依然满世界跑着不停地拍片；还有巴菲特、索罗斯、戴尔……数不清的大人物大富豪，他们早巳有足够的金钱和地位了，但他们为什么总还是要努力工作，不停地工作呢？他们从哪儿来的这么大的工作热情？

也许美国Viacom公司董事长萨默·莱德斯通的话可以解释一下到底是为什么："实际上，钱从来不是我的动力。我的动力是对于我所做的事的热爱，我喜欢娱乐业，喜欢我的公司。我有一种愿望，要实现生活中最高的价值，尽可能地实现。"

是的，只有在我们热爱的工作中才能激发出无尽的热情，只有自我实现的目标才是驱动我们一直向前永不停歇的最强大的动力，

当一个人做他适宜且喜欢的工作，在工作中发挥他最大的才华、能力和潜在素质，不断自我创造和发展，他就满足了自己自我实现的需要。有自我实现驱动的人，往往会把工作当作是一种创造性的劳动，竭尽全力去做好它，使个人价值得到确证和实现。在自我实现的过程中，他将体会到满足感如同植物发芽般迅速膨胀。他觉得快乐，觉得幸福，觉得浑身都有使不完的力量，有这样的态度，他当然会主动、会积极、会自觉自动、勤奋努力，他的工作当然会做到最优秀、最有成绩。

为老板工作，为金钱工作，工作只能索然无味，因为工作是"任务"，是"善事"，是不得不做的，却又并非自己主动去做的。工作又何趣之有？成就又从何而来？只有为自己工作，才会热情满怀，激情四射，自动自发，从而把工作做得风生水起，圆满无缺，让自己的未来更美，前途更光亮，离理想更近，更容易实现自己的目标，找到自己的人生价值。所以，聪明的员工比谁都更明白工作是为自己做的，比谁都更积极努力，而不会去计较别的。

2 把职业当事业，把企业当家业

职业是我们谋生的手段，也是我们事业的起点，每个人的事业都是从职业开始起步的。职业是事业的起点，也是事业的基石，所以不要轻视你的工作，而应当重视工作。哪怕是最平凡最不起眼的工作，也要认认真真地去做，才能真正迈好事业的第一步，才能真正把自己的职业做成事业。

只要你认真地对待工作，把工作当事业来对待，再平凡再普通的工作，你都可以所它做成事业，取得辉煌的成就。当代模范工人许振超把职业当成事业的起点来对待，并最终做成了自己的事业的典范。

许振超是一位“老三届”的知青，历史的原因使他错过了读书的机会，只上了小学。参加工作后，他把自己的工作岗位当作事业的起点，爱岗敬业，任劳任怨，脚踏实地、发扬干一行爱一行，干一行精一行的敬业精神，无论做任何事都非常认真，非常努力，非常刻苦，力争把每一件事都做到尽善尽美。

由于文化底子薄，掌握新技术困难大，但是，他用惊人的毅力和钻研精神，利用一切空闲时间，硬是一点一点地攻克了各种难关，逐步成为单位的技术带头人。

许振超虽然是一名普通的工人，但是，他有人生的目标，无论干什么工作，都要体现自己人生的价值。在别人看来很一般的事情，他却能做出非同凡响的业绩，虽然他没有生活的高起点，但他能在平凡的生活中弹奏出人生的最强音。

许振超有理想，有志向，但从不好高骛远。他有追求，有强烈的事业心，但他从不急功近利，而是面对现实，找准自己的位置，脚踏实地地工作，通过自己的努力，达到理想的彼岸，摘取事业的桂冠。

许振超的经历还说明了一点：只要努力进取，就一定可以成功。他是一位只有初中文化的普通工人，他把自己的全部精力投入到工作的实践中，工作需要什么，他就学习什么，干一行，钻一行，学为所用。他从一个普通的吊装工人跃升为领导一个现代化港口负责人，虽然只有初中文化水平，却一样担当了只有高级工程师才能胜任的工作，成为世界一流的“技术专家”。

其实，不管我们在做什么，我们都要用做事业的心来对待我们的工作。不敢说有了事业心就一定可以成功，但这肯定是成功的必要条件。因为只有为事业而工作，才不会成为工作的奴隶，当工作成为一种兴趣，成为一种生命内在的需要，成为展示智慧和才华的舞台，你的事业也就指日可待。

职业就是事业！这应当是我们应永远持有的人生观和价值观。这样工作就会投入，工作才有激情。有句话说得好：“**今天的成就是昨天的积累，而明天的成功则有赖于今天的努力。**”把工作和自己的职业生涯联系起来，对自己未来的事业负责，你就会容忍工作中的压力和单调，会觉得自己所从事的是一份有价值、有意义的工作，并且从中可以感受到工作的使命感和成就感。

一个年轻人取得博士学位后，便自愿进入一家制造燃油机的企业担任质检员，刚开始薪水与普通工人相同。工作半个月后，他发现该公司生产成本高，产品质量差，于是他便不遗余力地说服公司老板推行改革以占领市场。身边的同事对他说：“老板给你的薪水也不高啊，你为什么要这么卖命啊？”他笑道：“这就是我的事业，我为什么不努力？”一年后，这个年轻人被晋升为副总经理，他又以全新的为事业努力的态度投入了工作中。所有认识他的人都相信，他的梦想一定会实现，他的未来一定无限光明，他的事业一定越做越大。

职业连着事业，职业是事业的起点，也是事业的支点，事业的立足点。

职业就是我们成就事业的一个平台和机会，没有职业，何来事业？做工作的过程，就是做事业的过程。成就事业的过程，也是成就自身的过程。所以，无论你处在何种岗位，都应当把工作当事业干，以为自己工作、为自己打拼的心态，在成就事业中成就自身。

所以不要听信那些“得过且过”、“做一天和尚撞一天钟”、“努力工作只对公司有利”、“老板总是在剥削我们”的鬼话。那些只不过是不思进取的人为自己混日子而竖起的挡箭牌，是没有能力努力奋进的人为自己的停步不前寻找的一种冠冕堂皇的托词，是意志消沉的人为自己的未来假想的一种结果。作为一个积极进取的人，你千万不要听他们的这些说辞，而要以更大的热情投入你的工作，把工作当成未来来经营，把职业当成事业来做，这样才能实现你的梦想，抵达你的目标。如果听信别人的言论，让自己也和他们一样开始混日子，不思进取，过不了多久，你会连职业也丢掉，更别说干什么事业了。

职业与事业，一字之差，但差此一字，谬之千里。**平庸者做职业，成功者做事业。**为事业打拼还是为工作奔波，这正是事业能不能成功的重要分水岭。

3　树立主人翁意识，以老板的姿态来工作

主人翁心态，就是要有把自己当做企业的主人的态度，以主人翁态度关心企业的前途、把企业的事当成自己的事来做的意识。老板的姿态，就是有老板的使命感、事业心、责任心，时时处处为企业着想、为企业打算好的心态和行动。主人翁意识和老板姿态，其实都一样，都是一种自觉自愿、主动积极、把企业的事当自己的事来对待的态度。

在工作的同时，如果你时时会想：如果我是老板，我对自己今天所做的工作完全满意吗？我是否付出了全部精力和智慧？我今天为企业创造

效益了吗？今天这件事的处理方法对企业是不是有利？明天要怎样做才会为企业创造更多的利益？你这样想，就是主人翁意识；如果你坚持这样做，就是老板姿态。

老板姿态，简单地说就是像老板一样对待企业，像老板一样考虑问题，像老板一样全心全意地为企业的发展和壮大贡献自己的才智和心力，随时随地为企业想、为企业做、为企业努力、为企业奋斗，最终也会像老板一样收获企业成功的喜悦。

从前在美国标准石油公司里，有一位小职员叫阿基勃特。他在远行住旅馆时，总是在自己签名的下方，写上“每桶四美元的标准石油”字样，在书信及收据上也不例外，签了名，就一定写上那几个字。他因此被同事叫做“每桶四美元”，而他的真名倒没有人叫了。

公司董事长洛克菲勒知道这件事后说：“竟有职员如此努力宣扬公司的声誉，我要见见他。”于是邀请阿基勃特共进晚餐。

后来洛克菲勒卸任，阿基勃特成了第二任董事长。这是一件谁都可以做到的事，可是只有阿基勃特一人去做了，而且坚定不移，乐此不疲。嘲笑他的人中，肯定有不少人才华、能力在他之上，可是最后，只有他成了董事长。

可以这么讲，有老板姿态的人最终不一定都会成为老板，但是，没有老板姿态的人肯定最终成不了老板。

以老板的姿态来工作，就要像老板一样，把企业当成自己的事业，用自己的行动去履行自己对企业的忠诚义务。如果你是老板，你一定会希望员工能和自己一样，更加努力，更加勤奋，更加积极主动。因此，当老板给你提出这样的要求时，你就应该尽量去做，积极努力并且富有创造性地去做。只要你记住这一点，并努力去做，成功就不再遥远。

世界著名的成功学专家拿破仑·希尔曾经聘用了一位年轻的小姐当助手。这位助手的工作是听拿破仑·希尔口述，记录信的内容。她的薪水和其他从事类似工作的人大致相同。有一天，拿破仑·希尔口述了下面这句格言，并要求她用打字机打印出来："记住，你唯一的限制就是你自己脑海中所设立的那个限制。"她把打好的纸张交给拿破仑·希尔时说："你的格言使我有了一个想法，这对你我都很有价值。"

这件事并未在拿破仑·希尔脑中留下深刻的印象，但这件事在这位助手脑中留下了极为深刻的印象。她开始在晚餐后回到办公室，从事不是她分内而且也没有报酬的工作。她开始把写好的回信送到拿破仑·希尔的办公桌上。

她已经研究过拿破仑·希尔的风格。因此，这些信回复得跟拿破仑·希尔自己写的信一样好，有时甚至更好。她一直保持着这个习惯，直到拿破仑·希尔的私人秘书辞职为止。当拿破仑·希尔开始找人补秘书空缺时，他很自然地想到了这位平时工作极为细致的助手。因为她早已经主动承担这项工作，并且以秘书的标准要求自己。

有了主人翁意识，有了老板姿态，把自己当作企业的主人，你很快就会成为一个值得信赖的人，老板愿意接受你，将重大的事项托付给你，尽量给你展现才能的机会。因为你是一个为企业尽职尽责的人，你能将企业的事情看做是自己的事情，老板会把你当做自己人一样看待，所以信赖你就是自然而然的事情了。

李森在公司是有名的工作狂。老板分配给他一周完成的工作他往往两天就做好了。他负责营销工作。可是他所做的事情远远超出了他的职责范围。每天一大早，他总是第一个来到办公室，扫地、抹桌子、帮助身边的同事、维护公司的电脑等。在人们的眼里，他似乎什么事都做，他浑身似乎有使不完的劲。有一次，一位比较懒散的同事问他："你不也跟我一样，一个月不就那么几个钱，有必要这样什么事都做吗？这公司又不是你的，你又不是老板……”

懒散的同事还要说下去，李森毫不客气地打断了：“我们都是自己的老板！”

“哟嗬，还真不知自己几斤几两了。你就是老板？！”

“只要以老板的要求严格要求自己，只要拥有老板的心态，每一个人都可以当老板。你现在不明白我说的话，总有一天你会明白的。”

“好好做你的老板梦吧！”同事以嘲笑的口气说。

李森只是笑笑，并不在意同事的议论和嘲笑，依旧努力做着他的工作。

一年后，由于业绩好，再加上为人忠诚朴实，总公司真的让李森做上了分公司的老板。又过了一年，总公司进行改组，原先的老板成了董事长，李森则被当选为公司总经理。而那个嘲笑他的同事依旧是一名普通员工。

每个人的成就和梦想以及从工作中所获得的满足感，都掌握在自己的手中。不要在乎别人怎么说，怎么看，我们有自己的方向和目标，向着自己的目标努力前行，才是我们应该做的。

4 积极主动，不管分内还是分外见工作就干

积极主动是一个员工兢兢业业做好自己工作的前提。成功的人任何时候都在积极主动地找事做，而不成功的人则多半像个守株待兔的傻瓜总是等着上司或别人指派任务。

主动是种态度，代表着一种创造力，主动地思考、积极地行动。有着主动精神的员工，接受任何工作都不会挑三拣四，做任何事情都不在乎分内还是分外的工作。他们认真、他们负责、他们勤奋努力，永不停歇，所以

他们更能得到老板的信任。

霍金斯是一位著名的演说家，因此，让顾客及时见到他本人和他的演讲材料都非常重要。为此，公司专门安排了一个人负责把演讲的材料及时送达到顾客手中。

一次霍金斯要担任演讲的主讲人，他给办公室里那个负责材料的秘书打电话，问演讲的材料是否已经送到客户那里。秘书回答说："没问题，我已经在好几天前就把东西送出去了。""他们收到了吗?"霍金斯又追问道。"应该收到了，我是让联邦快递送的，他们保证两天后到达。"

然而，事实却并非如此，客户虽然拿到了材料，但是由于客户每天收到的材料太多，没有意识到这份材料的重要性，随便放在了一边，等用的时候却找不到了。

那次演讲的效果可想而知，其实，如果当时秘书再负责一些，只要随后再跟踪一下此事，与客户落实一下他们是否收到材料，就不会发生这样的事了。后来，公司为霍金斯先生安排了一个新秘书。巧的是，霍金斯先生又要到上次的客户那里演讲。

当他问现在的秘书："我的材料寄到了吗?"

"到了，客户3天前就拿到了，"秘书说，"只是我给她打电话时，她告诉我听众有可能会比原来预计的多300人。不过您别着急，我把多出来的也准备好了。事实上，我以前跟客户联系时，她对具体会多出多少人参加也没有清楚的预计，因为允许有些人临时入场。所以我怕300份不够，保险起见寄了500份。还有，她问我您是否需要在演讲开始前让听众手上拿到资料。我告诉她您通常都是这样的，但这次是一个新的演讲，所以我也不能确定。这样，她决定在演讲前提前发资料，除非我在演讲之前明确告诉她不要这样做。我有她的电话，如果您还有别的要求，今天晚上我可以通知她。"

秘书的一番话,让霍金斯彻底放心了。

这样积极主动、尽职尽责完成工作的员工,相信任何一位老板都会喜欢。

在职场上,很多人只愿意做自己分内的工作,每当接到老板或上司安排的额外工作时,就很不愿意——不是满脸的不情愿,就是愁眉不展,唠唠叨叨地抱怨不停。

我们是不是经常听到类似这样的声音:

“老板,我的专职工作是搞设计的,您让我去干别的事,那可是分外的事啊!要么给我奖金,要么我不干!

“加班,加班,怎么老有干不完的活?真是烦死了!

“这不是我的事,我才不管呢!

“千万别多揽事,多一事不如少一事,干得多,错得多,何苦呢?”

企业中这样的人很多。他们讲究个人价值的体现,不愿无偿贡献,不愿做额外的事情,怕吃亏,怕自己的劳动被“剥削”。他们认为只要把自己的本职工作做好,把分内的事做好,就万事大吉了,多做一点公司也不会加薪水。这样的认识只能让自己永远停留在“为工作而工作”的状态之中。这些人看不到工作带给自己的价值,同样认识不到自己的工作对于整个公司的价值,也就不可能有大的成就。所以真正胸怀大志的、聪明的员工,是绝不会说这样的话,更不会听别人说这些话而放弃了自己的努力。

湖南省娄底市双峰县永丰供电所所长胡永钦是1983年通过公开招聘进入蛇形山农电站的,是一名农电工。当时,整个中国农电事业正处于初步发展阶段,人手少,资料、设施不齐,并且收电费一直都是手工开票,统计烦琐,工作量大,而且非常容易出错。管理手段落后是所有从事农电工作的人所要面对的现实。胡永钦决心以自己的能力来改变这个现实。为此,他买来很多有关电力知识的书籍，白天工作，晚上自学，并且琢磨着能不能开发应用软件，可以自动统计电费，还可以打印报表。当时好多同事都劝他："你一个农电工，能做出什么大事来？做这些没有用的事，还不如把时间和钱拿来好好享受生活。"但胡永钦不为所动，依然故我，沉醉于自己的研究中。

1988 年，在经济非常窘困的情况下，他自费到长沙大学学习电子、电脑知识。20 世纪 90 年代初，电脑还非常稀缺，懂电脑的人更是凤毛麟角，胡永钦又花掉了结婚时的礼金，举债 4000 元，购买了一台旧电脑，开始钻研。

经过长期的钻研，胡永钦的第一个成果"电量电费管理系统"开发成功了。这套软件方便而且不容易出错，规范了电费开票工作。随后，他又开发出"工资核算管理系统"、"农电财务核算软件"，把财务人员从复杂的财务核算工作中解放出来。1999 年，他又相继开发出"银电联网收费系统"和"供电所综合管理软件"。2000 年，他又配合农村电网改造工程开发了"农网改造预（决）算软件"。2002 年，胡永钦又研发出"配电运行远程监控系统"……

胡永钦是全国供电系统"农电优质服务先进人物"、国家电网公司的特级劳模。这是他主动做事、自动自发地工作更是他坚定理想，为别人的意志而放弃自己的目标而换来的成就和荣誉。

要记住，成功的人永远比一般人做得更多更彻底。如果你只做从事分内的工作，那么你将无法争取到人们对你有利的评价。其实在一个公司里，你做好本职工作是你拿工资的条件。你在本职工作上做得再好，最多证明你是一个称职的员工。如果你想证明自己还能做得更好，你想获得老板的器重，你就必须明白，在公司里，永远没有分外的事。因为当你从事超过你报酬价值的工作时，你的行动将会促使与你的工作有关的所有人对你做出良好的评价。

李浩是一家公司的员工,他的升迁非常迅速。为什么他会得到提拔呢?原因就是他乐意去做分外的事,从而引起了老板的重视。

李浩总是在忙完自己的工作后,不断地为他人提供服务和帮助,不管是他的同事还是上司。李浩将那些分外的工作,也当做自己的事来做,任劳任怨,不计报酬。渐渐地,老板有了找李浩帮忙或分担一些重要工作的习惯。

做好分内事,是一个人立足的基础,但仅仅只能立足而已。做好分外事,才能向外发展、更广泛地触及各种知识和资源,从而为自己的成长打下基础。

其实,这个世界是公平的,没有额外的付出就没有额外的收获。如果你想成功,除了努力做好本职工作以外,你还要经常去做一些分外的事。因为只有这样,你才能时刻保持斗志,才能在工作中不断地锻炼、充实自己。

一名优秀的员工在工作需要他的时候,他有高度的责任感,愿意去任何地方,只要能把工作很好地完成都乐意立即去做,而不是循规蹈矩、死板听命于分内分外之类的规矩,更不会在意别人的嘲讽、挖苦甚至阻挠。他们比谁都明白,工作都是为自己做的;他们更懂得,做自己的工作、不在乎别人的说法的道理。

5 自动自发,自觉找事做而不是被动等事做

什么是自动自发?自动自发就是没有人要求、强迫你,自觉而且出色地做好自己的事情。而且从来不需要任何吩咐,就主动去找事做,并且把事情做好。

永远主动找事做，而非等事做。这不仅是衡量一个员工是否优秀的重要尺度和标准，也是一个想要成功的员工必备的一个素质。

有两种人永远无法超越别人，一种人是只做别人交代的事，另一种人是做不好别人交代的事。一般情况下，这两种人会成为第一个被裁减的人，或是在同一个单调卑微的工作岗位上耗费终生的精力。用以上所说的任何一种方式做事，你或许可以躲过一时，却永无成功之日。决定哪些该做，就应该立刻采取行动，不必等到别人交代。

成功的人明白，什么事情都要自己主动争取，并且要为自己的行为负责。没有人能保证你成功，只有你自己；也没有人能阻挠你成功，只有你自己。

在很多人眼里，都觉得芬妮的运气特别好。

她的专业在这个行业里并不占什么优势，而且长相一般，能力也并不出类拔萃，但她进入公司后短短的两年时间里，在每一个部门都做得有声有色，每一次调动都令人刮目相看。关于她的崛起，有各色各样的版本，一言蔽之，大家觉得是好运气眷顾了她，给了她得天独厚的的机会，否则她凭什么从行政部到市场部，又到销售部，一路绿灯，一路凯歌呢。

只有她自己清楚，机会是怎么得来的。

刚进这家大公司的时候，专业优势不明显的她先被分到行政部，做一个并不起眼的小职员。那个部门，能言善道、八面玲珑的女孩子和深谙权术、势利平庸的男人层出不穷。她不惹是非，只是恪尽职守，尽职尽责地做好自己的工作，再就是从来不吝啬自己的智慧和精力。比如发现了别人输错了数据，她悄悄地就修正了；领导让她做什么，她就竭尽所能，总是在第一时间做到让人无可挑剔；别人扎堆抱怨工作百无聊赖，老板苛刻，地铁太挤时，她在悄悄熟悉公司的部门、产品以及主要客户的情况。

她的努力和自觉终于有人看见有人欣赏了，她被市场部经理点名调到了市场部。

市场部令她的世界骤然广阔起来。同原先一样，她的特色就是默默地努力，主动去做。半年后，她的几份扎实的调查分析报告，为她赢得了一片喝彩。一年后，她已经是市场部公认的举足轻重的人物了，看到她在会议上气定神闲、无懈可击的发言，让原来行政部的同事大开眼界。

不久，老板请她喝茶，问她愿不愿意接受挑战，去情况并不乐观的销售部。

芬妮选择了库存积压最厉害的北方公司，开始了她的第一步工作。春寒料峭的初春，她一个人借了一辆自行车，找代理公司产品的代理商，了解产品滞销的原因。为了拢住那些大客户，三个月里，她学会了打高尔夫和唱卡拉OK，想尽一切办法和那些大客户联络沟通，最终做出了成绩。几个月后，情况就开始明显改善了。

第一张大单子是去拜访某局长时，偶然听到他同业内另一位局长在打电话，谈论第二天去某风景点开会的消息。芬妮回公司后做的第一件事情，就是查了他们在那里入住的酒店。第二天傍晚，一身旅行装束的芬妮与局长们相遇在酒店大堂里，她是来自助旅游的，虽然醉翁之意不在酒，但谁也没有看出来，或者说年长的局长们涵养好，不忍心揭穿她。

几天下来，他们邀请她一起参加活动，唱歌、打牌、聚餐。再后来，认识她的人同她关系更密切了，不认识她的人也慢慢接纳她了，她的客户名单上增加了强势的一群人。第一张大单子就在半年后出现在这群人中。

关于机会，芬妮最有感触：机会是靠自己的积极努力争取来的。机会不会主动来找你，而需要你去不停地寻找他。不疏忽平时的每一个点滴，做好每一件不起眼的小事，就是在为自己创造最佳的机会。机会肯定不是等来的，你有心，它无声，真正准备好了，它就真的来了。

主动积极的精神是我们通向成功的推进力，积极主动的精神促使我们甩掉等老板的指令的想法，摒弃消极被动的行为，不做只知道机械完成工作的“应声虫”员工，更不做挑三拣四见风使舵的“陀螺”员工，而是做一个主动积极，努力进取的“进攻型”员工。任何事情都做到前面，主动去做别人不愿意做的“苦差事”，从来不怕“吃亏”，这样的员工，自然能得到企业的重视，得到老板的青睐，从而得到提升，让自己走向成功。

但是每个企业里都会有一些员工对积极找事做、主动去做别人不愿做的事、积极补位的员工有一种格格不入的排斥感，他们挖苦主动积极的员工是“出风头”、“图表现”，他们冷言冷语，冷嘲热讽，排挤挖苦，故意找茬，为难这些主动积极而认真努力的员工。这其实是他们不自信、不求上进、不主动的表现，是他们害怕你的积极和努力把他们的懒散和消极比出来而不安的表现。所以，我们照常做我们的，没有必要理睬他们说什么、做什么。我们知道我们做的是正确的，这就足够了，这就是让我们坚持做下去的最充分的理由。我们主动找事做，而非等事做，永远以饱满的激情、富有创造性的探索精神、高度的敬业精神全身心地投入到工作中去，一定会做出最好的成绩，从而超越自我、实现自我。

6　绝对服从，没有任何借口

“没有任何借口”是美国西点军校 200 年来奉行的最重要的行为准则。在军队，服从是无条件的，绝对的，不能找任何借口的。因为军队如果没有绝对的服从，则一切命令都会变成空文，胜利就没有半点保障，而失败成为了必然。其实对于其他组织，对于企业，对于员工，也是一样的。

企业的决策和命令如果得不到员工的绝对服从,又如何得以完美地执行?所以,没有任何借口,也应当作为每一个员工的行为准则。因为只有"没有任何借口",才是胜利的保障。

绿湾橄榄球队教练锋士·隆巴第告诉他的队员:"我只要求一件事,就是胜利。如果不把目标定在非胜不可,那比赛就没有意义了。不管是打球、工作、思想,一切的一切,都应该'非胜不可'。"

"你要跟我工作,就不能有任何借口",他坚定地说,"你只可以想三件事:你自己、你的家庭和球队,按照这个先后次序。

"比赛就是不顾一切。你要不顾一切拼命地向前冲。你不必理会任何事、任何人,接近得分线的时候,你更要不顾一切。没有东西可以阻挡你,就是战车或一堵墙,或者是对方有11个人,都不能阻挡你,你要冲过得分线!"

正是有了这种坚强的意志和顽强的信心,绿湾橄榄球队的队员们才有了完美的表现。在比赛中,他们的脑海里除了胜利还是胜利。对他们而言,胜利就是目标,为了目标,他们奋勇向前,锲而不舍,没有抱怨,没有畏惧,没有退缩,不找任何借口,一个劲地向着胜利奋进,所以胜利终于属于他们。

没有任何借口,给人似乎有一种冷冰冰的感觉,从语气上看不仅非常强硬,其意思似乎也是告诉我们对上级要求要无条件服从,但其核心思想应当是敬业、责任、服从、诚实。它要求我们要想尽办法去完成任务,而不是为没有完成任务而去推卸责任,去寻找借口,哪怕看似合理的借口。人们都知道每个人或多或少总是有点惰性,不能按时保质完成各类任务后,寻找借口是最自然、也是最常见不过的一类事,但是我们应当知道,寻找借口是一种缺乏创新精神和自主工作能力的具体表现,这样的员工,是很难受到青睐的。

德威公司的业务规模虽然不是很大,公司的业务工作非常需要员工的敬业精神和激情。

由于欧锦赛的序幕刚刚拉开，喜欢足球的很多男女员工无疑熬夜看球，球赛在凌晨五点才收场，看完球赛有的员工大都补睡一会儿觉，一不留神，上班时就迟到了。迟到的男同事自然不敢实话实说，球赛高于公司制度，大家还没胆量这样向总经理张大清交代。

于是，每每迟到又不幸被总经理张大清抓个正着的，而这时，各种各样的借口便纷至沓来：送孩子上学被老师留下"训话"；母亲临时住院；在并不繁华的地段塞车……本来平常的日子，一下子变成了"多事之秋"，总经理张大清听了员工们的陈述，总是摇着头走远。

钱丽在公司默默无闻，但是钱丽喜欢足球的事也没人知道。钱丽同样也每天凌晨起床看欧锦赛，由于睡眠时间协调得当，一直没迟到。可是马有失蹄，钱丽一不小心也迟到了。在办公室，总经理张大清问钱丽迟到的原因。看着总经理张大清凌厉的脸色，钱丽说了实话："我因为看球赛睡过头了。"

没想到，听钱丽这么一说，总经理张大清勃然大怒："你们一个个都爱说谎，看球的为自己迟到编造形形色色的理由。不看球的女职员，却要说自己看球而误了时间。"

钱丽没有辩解，因为她认为迟到就是自己的错，没有必要去辩解。她诚恳地认了错，准备离开总经理办公室的时候，张大清说："钱丽啊，我本来准备提拔你当市场部门主管的，可是没想到你跟其他人一样不诚实。"钱丽这回勇敢地说："不，我说的是实话。"钱丽开始向张大清讲述凌晨的赛事。原来，张大清也是一个超级球迷，钱丽观看的比赛正好是张大清错过的。张大清口气软了许多，留钱丽聊了一会欧锦赛，聊了一会各自喜爱的球队后，钱丽才离开总经理办公室了。

很快，张大清宣布了对钱丽的任命，一帮男同事透过布满血丝的眼睛，迷茫地看着钱丽得到升迁。

他们不知道，钱丽的升迁是因为她不找借口、主动积极地去努力的结果。

服从是员工的天职，是每一个员工必须具备的品质之一。是有服从的品质，从来不找任何借口的员工，已经被标上了优秀的标签。这样的员工，走到哪里，都会受到欢迎，走到哪里都能得到升迁。

7 立即执行，一分钟也不拖延

服从是执行的前提和基础，服从的下一步就是立即执行，不折不扣地把工作任务落实到位。在竞争白热化的商业社会中，执行力是左右企业成败的重要力量，也是区分企业平庸与优秀的重要标志，更是企业取胜的关键。我们看到很多咖啡店，唯有星巴克一枝独秀；同样是做个人计算机，唯有戴尔独占鳌头；都是做超市，唯有沃尔玛雄居世界零售业榜首；同样是做冰箱，为什么只有海尔走向了全世界？原因就在于是否有执行力！

中国电子信息百强企业之首、世界第四大白色家电制造商海尔集团，已相继进入家电、厨卫、医药、通讯、电子、电脑等10多个行业和领域，成为中国企业界真正的航母，其品牌早已从家电品牌走向泛化品牌，从产品品牌转向了品牌产品。那么，维持如此庞大的企业高效运转的机理是什么呢？其关键就是海尔一切行动听指挥的企业文化，是海尔强大的执行力。

海尔总裁张瑞敏，是一个非常有战略眼光的人，他一直认为，要保证由众多大型公司组织起来的集团公司正常运作，就必须建立一种有严格纪律要求的计划和行动，统一面对市场，步调一致，协调有序，规模经营，发挥集团的强大作用，才能取得市场上压倒性的优势，赢取企业经营效益最大化。因此，对人的管理，一直是海尔企业文化建设的重中之重。集体事业感的培养，服从意识的建立，忠诚品质的修为，一切行动听指挥，绝对服从，积极主动、心悦诚服地服从，已成为海尔文化的核心和高效执行力的有力保障。

每个到过海尔文化中心的人，都会看到一张发黄的稿纸，也许有人会为上面的内容感到可笑，“不许在车间大小便”，这样的条款赫然在列，怎么看也不像一个企业的规章制度。但这就是有名的13条款，是张瑞敏上任后，颁布的第一个管理规章。

那是1984年，张瑞敏刚刚到电冰箱厂上任，迎接他的，是一个濒临倒闭的小厂，产品质量粗糙，滞销积压，资金匮乏，无法周转，长久发不出工资，管理混乱，人心涣散，迟到旷工、打架斗殴都是家常便饭，甚至在车间抽烟喝酒、随地大小便等恶劣现象比比皆是、随处可见，明目张胆地偷窃厂里财物，没有什么东西是不可以拿回家的。一年内三任厂长都未能在此立足，有的知难而退，有的被工人赶走。这就是当时厂里的整体情况，这就是当时员工的整体素质。面对这样一个烂摊子，张瑞敏没有畏惧，没有退却。他上任伊始，就做出了一个出乎人们意料，又在情理之中的举措，他从朋友那里借来几万元钱，为每位员工发了一个月的工资，解决了员工生活的燃眉之急，使员工们深感意外的同时，也深受感动。于是他们开始相信这个带头人，因为他能够为他们着想，有能力，办实事，让他们仿佛看到了希望的曙光。解决了员工的生活之忧，稳定住员工的情绪，张瑞敏根据他独特的思维和经营理念，结合当时社会发展形势、企业的状况，以及员工们迫切希望企业走出困境、谋求发展的心理，及时制定规章制度，开始严格按照规章制度管理工厂。第一个规章制度就是上面提到的13条，其中包括严禁盗窃工厂财物、严禁打架斗殴、严禁在车间大小便等等一系列现在看来是一个企业起码应该做到的常识，而在当时又确确实实严重存在的问题，从制度上开始根除这种种劣习。

实施这些制度，张瑞敏并没有采取强硬死板的措施。由于这13条，都紧紧扣住了员工的道德底线，都是起码的常识要求，并非高不可攀，所以一经推出，就让员工感到确实不应该违背，否则从道德和良心上也说不过去。其后，在海尔不断发展壮大的过程中，张瑞敏也把这种服从的精神渐渐地上升到企业文化的层面上来，并作为海尔文化的重要内容，一步一步以理念为依据制订制度，以制度的执行推动理念的养成，就使得海尔制度建设越来越完善，行动越来越迅捷和一致，形成了一切行动听指挥，有令必行，言必信，行必果的海尔文化模式，并以这种模式推动海尔从一个小厂走向全省，走向全国，走向了全世界。

从海尔成功的脚步里，我们可以看出，强大的执行力是驱动企业前进的重要动力，也是区别普通企业和品牌企业的重要标志。

执行最怕的恰恰就是拖拖拉拉。在各级组织中，总有一些成员对工作拖拖拉拉，习惯了马马虎虎，习惯了得过且过，不能将好的思想落实到具体执行的时间表上，导致好的思路和策略形成空谈。这是绝对于不利于执行的。

温水煮青蛙的故事很多人都知道，但也许有很多人不明白这个故事对于立即执行的意义。

把青蛙直接扔进沸腾的水中，青蛙的神经刺激反应很快，它会马上跳出来。反过来，如果把青蛙先放进20℃～30℃的温水中，再给水逐渐加热，直到沸腾为止，青蛙则会被活活烫死。水温过高，为了保全性命，青蛙会毫不犹豫地立刻跳出，所以青蛙在第一种情形下安然无恙。如果一开始把青蛙泡在温水中，它会忘乎所以地在水里游来游去，根本就察觉不到水温在变化，神经系统反应也不灵敏，等发现异常时，已经奄奄一息，没有跳离沸水的力量了，只能坐以待毙。

这种情形同样也发生在某些人身上，很少有人能抵抗舒适环境的诱惑。当毫无紧迫感已经成为一种习惯，你将身陷水深火热而不自知。

立刻去做、决不拖延，是判断强者和弱者的主要标志；立刻去做、决不拖延，也是判断员工能否完成任务的主要标准。

李践在《做自己想做的人》一书中讲了这样一个故事：

在一个成功学讲座上，主持讲座的教授对学员说："想要赚钱的人请举手！"

学员们都举起了手。

教授又说："想让自己成为顶尖级人物的请举手！"

学员们也都举起了手。

教授接着又问："目前已做到的请举手！"

这回大部分人不再举手了。

教授笑了笑，问大家说："你们想成功想了多久？"

学员们齐声说："想了一辈子！"

"为什么还没有达到呢？"

有人回答说："我们只是想想而已。"

"这就是你们没有成功的原因。"教授说，"你们都有成功的想法，但你们不去行动，不去做，那怎么有可能成功呢？"

再好的创意，再好的想法，若没有付诸行动，就看不到成果，便毫无价值可言。纸上谈兵是没有用的，有了好的想法后，去立即行动才是最重要的。

从前，有一个满脑子都是学问的穷秀才与一位文盲相邻而居，两人都有一个共同的目标：如何尽快富裕起来。

每天，秀才跷着二郎腿大谈特谈他的致富理论，文盲在旁虔诚地听着，他非常钦佩秀才的学识与智慧，并且开始依着秀才的致富设想去做。

若干年后，文盲成了富翁，而秀才还在空谈他的致富理论。可见要想获得成功，就应行动敏捷、雷厉风行、立刻去做、绝不拖延，这样公司才能抢占市场先机，自己也才能飞黄腾达。

19世纪50年代，受旧金山淘金热的影响，年轻的美国小伙子李威·施特劳斯也按捺不住了。他放弃了自己轻松的文职工作，跟随两个哥哥来到旧金山。到旧金山不久，他开办了一家百货店。

一天，一位来店里买东西的淘金工人无意中对施特劳斯说："你们的帆布包真的很适合我们，为什么不用帆布做成裤子给我们淘金工人穿呢？我想，那一定比我们现在的棉布工装裤结实耐用多了。"

说者无心，听者有意，施特劳斯经过一整夜地反复思考，决定立即采用这位淘金工人的建议，于是他马上取出一块帆布到裁缝店，做出了第一条帆布工装短裤。这种工装裤诞生以后，果然受到了众多矿工的喜爱。这种工装裤就是现在风靡全球的牛仔裤的前身。

过了些日子，一位从远方来看望施特劳斯的朋友见到工人购买工装裤的情形，向他建议道："我认为，你应该聘请一些有丰富经验的裁缝，先把这种裤子重新设计一番，再投入一些资金，并进行相应的广告宣传，然后把它完全地推向市场。"爽快的施特劳斯又立即接纳了这位朋友的建议，把经过重新设计的工装裤推向了市场。令施特劳斯没有想到的是，这种裤子不但吸引了大批矿工的喜爱，而且受到了年轻人的青睐。

后来，他引进设备，组装生产线，开始大批量地生产这种工装裤——牛仔裤，并利用各种媒体对牛仔裤进行大肆地宣传，甚至还大谈特谈起"牛仔文化"，无孔不入的宣传使牛仔裤广得人

心。牛仔裤的市场前景越来越光明、越来越广阔，他的公司因此而获得了蓬勃发展。

工作中，有很多稍纵即逝的机会摆在我们面前，能否抓住这些机会，不仅取决于是否有敏锐的洞察力，是否善于吸纳别人的建议，而且还取决于是否能立刻去做、决不拖延地去付诸行动。应该说，后者更具有执行力，更有现实意义。

养成“立即执行”的习惯之后，就会发现自己已有了新的能力：问题随手解决，事务即可办妥。任何任务来时，立即去做！

所以，决不拖延，立刻去做！任何问题和困难一旦发生，立刻解决！任何想法和点子一旦成熟，就迅速去做，绝不拖延——与其在思想中等待，不如在行动中成功！

8　忠贞不渝，永远不背叛企业

古人说：“人无忠信，不可立于世。”“不信不立，不诚不行。”可见忠诚是一个人的立世之基、处世之本。

忠诚是什么？简单地理解，忠诚就是忠贞和诚信。忠贞就是无论什么情况下都不反不叛，不离不弃，矢志不渝，追随到底；诚信就是诚实信用，言出必行，敢于负责，一诺千金。

忠诚是一个人为人处世的根本。人是社会的人，人在社会中，必须要与他人交往，人与人之间的交往最重要的就是诚信。一个言而无信的人是不可能有所作为的，因为他连最基本的信任也得不到，遑论其他？

一个人缺乏了忠诚这一品质，即使你再有能力，有通天的才华，也必定会被社会所抛弃，找不到安身立命之地，一个员工如果缺少了忠诚的素质，则必然被社会所淘汰即便他有能力、有才华，也并不能为他增添任何砝码，因为忠诚高于一切、忠诚比能力更重要、比智慧更珍贵。缺失了忠诚，缺失的就是根本，这些细枝末节、花花朵朵再多，也没有半点有用。

所以，有众多的企业和老板，都宁愿用能力稍差一点但忠诚的员工，也绝不愿提拔那些哪怕能力超强却没有忠诚之心的人。

有时候，如果按常理来看，我们的忠诚也许一文不值，并且因为忠诚让我们失去了很多，这会引起周围的人的议论，可能有人说我们是“傻瓜”，有人说我们“不懂变通”、“死板”。但是，如果我们做的是对的，就不必在乎别人怎么说，不要在乎别人的看法和意见，而要坚持我们的原则。这样做，也许对于关心和爱护你的人来说，一时之间难以理解和接受，但你的优秀品格迟早会得到回报，并让他们为你而骄傲。

某集团公司有一位计算机博士，其专业能力在国内属于顶尖的了，老板器重人才，让他做了副总裁。可这个人却在公司信息化建设过程中吃回扣，更可恨的是，为了自己的私利，身为公司高层的他居然不惜损害公司的利益，老板发现后，果断辞退了他。他的继任者只是一个大专生，但十分忠诚于公司，博士吃回扣的事情就是他发现的。老板针对这个案例，曾经在大会上说：“忠诚可以弥补能力的不足，能力却无法弥补忠诚的不足。我宁肯用一个忠诚的大专生，也不用一个不忠诚的博士生。”

这位老板的话，基本上表达了所有老板的用人观念。

在当今这样一个竞争激烈的年代，谋求个人利益，实现自我价值是天经地义的事，本来无可厚非。但是如果谋求私利的前提是损害企业的利益，实现自我的方式是背叛企业，那这样的自我实现有什么意义？缺失了忠诚之心，还有哪一位老板、哪一家企业有容你之处呢？这样只会让你在职场再无立足之地。所以，一个聪明的员工，一个想有所成就、有所建树的员工，是绝不会把忠诚抛在一边的，他们不会背叛企业，出卖企业，更不会背叛自己，出卖自己，而是处处维护企业的利益，时时保守企业的机密，为企业的利益不惜一切！而这样的忠诚正是企业和老板最赞赏的品质。

听到过这样一个故事：说有位工人在外面吃饭，听旁边的人在议论他所在的公司，对他所在的公司说三道四，当他听出那人实在是胡诌乱造，纯粹是无中生有时，于是站起来和那人理论，两人争得脸红脖子粗，最后以老拳相向，单枪匹马的他有如怒狮，居然把那帮人打倒了两个，但终究势单力薄，最终被打伤送往医院。不明真相的媒体却说是两帮人滋事，酿成群殴事件。其所在公司的领导事后要对其在外寻衅滋事进行处理，董事长得知事情原委，指示不但不能处罚他，反而要奖赏那位打架的员工，并亲自到医院看望。事后，诸多人不解，董事长一语道破，“虽然他在外打架是不对，可他是为了维护企业的声誉而战的，这样忠诚的员工难道不值得我们赞许吗？我欣赏这样的忠诚。”

也许许多人对这样的忠诚嗤之以鼻，不以为然。是的，这样的行为并不值得表彰和推广，但这种对企业的忠诚精神却值得我们赞赏。也许从常理来看，有时候我们的忠诚一文不值，甚至会损害到自己的利益，这会引起周围的各种议论，有人会说我们“傻”，有人会说我们“死板”、“不懂变通”，这也没有关系，只要我们坚守住自己的操守，坚守住自己的道德，坚守住我们自己的原则，就不必在乎别人怎么说。也许对于关心和爱护你的人而言，一时之间很难理解你这样做的理由，但你的优秀品格迟早会得到回报，并让他们为你而骄傲。

张伟是某知名大学通信工程专业的高材生，毕业后一直在这个行业里工作，至今已近10年。他目前已经是业内一家小有名气的通信工程公司的项目经理了。

作为公司的中层骨干，张伟一直是兢兢业业、埋头苦干的为公司效力。不久前，一向很器重张伟的总经理调走了。虽然总经理离去时嘱咐张伟好好干，并且说：“我已经和新任的总经理打过招呼了，他会对你多加关照的。”

然而，新任的总经理是一个性格内向、不露声色的人，并且张伟总觉得新任总经理似乎并不买前任总经理的账，对他也是不冷不热的，因此张伟和总经理的关系也只是点头之交。

林晨光是张伟的大学同学，也曾经是“住在上铺的兄弟”，感情自不用说。林晨光在两年前，自己成立了一家小公司，也是做通信工程的。他早就有意请张伟出来一块儿创业，但是出于种种原因，张伟还是婉拒了。但是，这并没有影响他们二人的感情，他们依然会时常一块出来，喝喝茶、吃吃饭，随便聊聊天。

然而，最近因为一个招标项目，让张伟着实犯了难。

这个项目是某二级医院的程控系统改造工程，虽然项目不是很大，对张伟这样的大公司也不算什么特别了不起的工程，但是由于总经理刚刚上任，对这个项目充满热情，再加上张伟也需要在总经理面前树立一个好印象，因此对这个项目也很看重。

很巧合的是，林晨光对这个项目也是势在必得。并且，当他得知张伟公司也打算参与竞标时，私下里就找到了张伟。林晨光把张伟约到了一个他们经常喝酒谈心的老地方，虽然平时他们之间也谈工作中的不如意，但是这次林晨光坦言自己这两年办企业的艰辛，自己平时也由于要面子，并不多谈自己公司的经营状况。好在自己的朋友多，有许多朋友也力所能及地帮忙和关照一下，他对朋友们充满了感恩。言下之意，也是希望张伟退出或者帮帮忙，或者把公司的标的稍微透露一下。总之，林晨光是想方设法要拿到这个项目不可。

此时，张伟非常矛盾，一边是自己效力多年的公司，要对企业忠诚；另一边是与自己友情深厚的好朋友；一边关乎到自己的前途，一边是关乎朋友的命运…… 但是最终，张伟还是选择了忠诚，而开罪了朋友，林晨光一怒之下与张伟断交，并且下大工夫终于把项目拿到了手。这边总经理怪张伟工作不力，要处罚他，张伟一时陷入了绝境。他的亲朋好友包括林晨光都说他“真是个不开窍的大傻瓜”，这下好，赔了夫人又折兵，两头不讨好，张伟一度陷入低沉。不久他的事被前总经理知道了，代表新企业用10倍的高薪把张伟聘到了他的公司，并特别说明，这是因为他高尚的人品。

忠诚的员工是所有企业都孜孜以求的员工，是所有企业都迫切需要的员工，是所有老板最欣赏信任的员工，忠诚是所有企业和老板选人用人的第一标准。对企业忠贞不渝的人，任何时候都不会做有损于企业的事情，任何时候都不会背叛企业，因而任何时候都能得到最多的信任。

所以，当你成为企业的一员后，就要坚定不移奉献你的忠诚，并坚守你的忠诚，对企业忠贞不渝，永远不背叛企业。这样，你就拥有了职场上最突出的个人品牌，也拥有了在职场上屹立不倒的资本。

9 敬业乐业，做好自己的工作

什么是敬业？就是用一种严肃的态度对待自己的工作，勤勤恳恳，兢兢业业，忠于职守，尽职尽责。中国古代思想就提倡敬业精神，孔子称之为“执事敬”，朱熹解释敬业为“专心致志，以事其业”。

一个热爱自己的工作，从心里尊敬自己的职业的员工，对待工作总是有百分之百的工作激情，十二分的投入，工作对他来说，就是快乐，就是享受。无论把他放在哪一个岗位上，无论在怎样平凡普通的岗位上，他都能够兢兢业业、任劳任怨地发挥自己的智慧和才干，尽职尽责地把工作做到尽善尽美。

吉林省电力有限公司吉林供电公司桦甸供电分公司送电检修班普通工人吕清森，31年间只做了一件事——巡线；只走了一段路——47公里输电线的巡线路。但就是这样普通的岗位和普通的工作，却让吕清森谱写出了不平凡的人生。31年来，他奔走7万多公里，发现输电线路缺陷数千处，为国家和企业避免经济损失数千万元，荣获“全国五一劳动奖章”等10多项荣誉。

红白线(红石至白山)蜿蜒于群山密林之中，是吉林地区海拔最高、环境最差、巡护难度最大的一条66万千伏输电线路，平均海拔高度在500米以上，几乎是一个山头一座铁塔，最高的一座位于海拔1100米高的山上。1979年，吕清森开始在这条线上进行巡线检护工作。望远镜、扳手、钳子、纸笔，再加上干粮和水，他每次巡线负重十几斤，每年都要穿坏四五双鞋。这么艰苦的工作，吕清森一干就是31个春秋。

31年巡线间，他和线路一起迎接了无数的春夏秋冬。春季，山雪融化，裤腿常常被打湿大半截，两条裤腿被冻成冰筒打不了弯儿。等天气暖和一点，隐藏在草丛里的“草爬子”就专往人的头发和皮肤里钻，被叮咬后，极易引发疾病。夏秋季，森林里树高叶茂、闷热不透风，一条路走下来，脸上、手上都是蚊虫咬的包，粘在衣服上的汗都能拧出水来。极端天气时，故障易发，就要加大巡查力度，遇上下雨，山路泥泞不堪，数不清一路跌倒了多少次。冬天，大雪没腰，迈不动步就在雪上爬或滚，上肢像游泳、下肢像跨栏，过了一个山坳，上半身被汗水浸透，下半身被雪水浸透。

31年巡线间，吕清森多次和狼不期而遇，但没有一次因为害怕放弃过对线路的巡视。每次巡视线路，吕清森都要带上一根棍子，在森林里一边走，一边四处敲打，为的是“弄出些动静，吓唬动物，给自己壮胆”。

一次，吕师傅在巡视时，发现不到5米处，一只黑熊正在树上吃梨。吕清森心里咯噔一下，定了定神，慢慢向后退，一直退到山下。巡视完后，他用笔记下“194到195号间，有熊出没，注意安全”。在31年巡线路上，吕清森不知有多少次和狼、熊、野猪等野兽不期而遇，险象环生，但都被他机智地躲过。如今，吕清森通过动物的粪便、脚印和留痕，就可以分辨出是哪一种动物，这种动物大约在什么时间离开。

线路的塔号、村屯地界、风向、覆冰现象、塔上的绝缘子……本子上密密麻麻的符号和数字，体现一名普通巡线工人执着的钻研精神。在 31 年的巡线工作中，吕清森记下的巡线记录有几十本。

巡线过程中，吕清森处处留心，时时琢磨，用实践得出的“真知”解决了许多输电线路的“常见病”。

架线水泥杆经常出现裂纹、冻鼓或麻点等问题，给安全生产带来隐患，但要大量、频繁更换又会给企业造成经济损失。在工作之余，吕清森查看了大量的水泥杆，发现很多水泥杆由于各种原因，呼吸孔（透水眼）被堵死，导致水泥杆“无法呼吸”，经冷暖变化热胀冷缩，水泥杆会胀开。

因此，无论春夏秋冬，吕清森始终根据阳光朝向、风向、地表温度和湿度等，坚持对电杆的内外部温度、强度及变化情况进行测试和记录。工夫不负有心人，经过近 10 年的观察试验，他终于发现了水泥杆出现横向裂纹的规律，提出了“水泥杆底段抽水、灌砼、打套筒”的解决办法。

他根据“红白线”铁塔结构、导线走向、金具配置等不同特点，将其划分为九个重点巡护段。并在巡护中总结出一套成功的巡视方法，有效地保证了“红白线”连续 31 年安全运行无事故。多年的摸索和细心总结，也使吕清森练出一双“神眼”，能及时捕捉到输电线路中常人难以发觉的变异。在一次巡线中，他发现“红白线”120～121 号杆塔间离地面 50 多米高的导线有断股的可能，马上向公司汇报。当工程技术人员来到现场用望远镜和经纬仪检测时，未发现缺陷，可大家按照老吕的方法却找出了问题，发现导线断了6股，属于输电线路中的一类重大隐患。

“老吕有特异功能啊！”在场的人惊叹不已。吕清森却淡淡地说：“我哪里有什么特异功能，我只是用了采光巡线法！”

采光巡线法，是吕清森首创的结合所巡线路各段的具体情况，采取在光线充足的时间和光线与观测角度适合的位置巡视线路的方法。为掌握光线变化规律，吕清森系统学习和记录了24节气和每天太阳光线变化的情况，掌握了线路沿线特征及每段线路在不同季节、不同时间的情况，线路各部位受光情况，适于观测的合适位置，两侧山峰或树木等对光线的遮蔽和遮蔽时间等，这样，就能使线路每个部位都能在光线充足、观测角度适合的情况下检查。目前，吉林供电公司已下发文件总结吕清森的巡线方法并以他的名字命名为“吕清森采光巡线法”，并系统推广。吕清森在自己平凡的岗位上谱写了一曲不平凡的人生之歌，用自己的辛勤劳动创造了人生的辉煌，也用自己30余年的坚守生动地诠释了敬业的真正涵义。

敬业的员工，会把自己所从事的工作当成生命中的一项最伟大的事业来做，即使他们遇到各种各样的困难，也能以高度负责的态度，为工作付出全部的努力。当敬业精神根植于一个人的脑海之后，他做起事来就会积极主动，并能从中寻找到人生的乐趣。我们知道，蜜蜂的天职是采集花粉酿蜜，猫的天职是抓捕老鼠，狗的天职则是保护主人的家园。人同样有着自己的神圣职责，那就是通过工作来完成人生的价值和使命。这就要求我们必须具备高度负责的敬业精神，一个失去敬业精神的人，就不会把自己眼前的工作同自己的人生使命和个人价值结合起来。毫不夸张地说，不忠于职守的人不可能有出息，更不可能得到重用。只有具有强烈敬业精神的人，才能够出类拔萃，成就辉煌的事业。

古人说得好，“三百六十行，行行出状元”。每一份工作，都蕴藏着成功的机会，敬业乐业、热爱工作就是拥抱成功的机会。不论这份工作在他人看来是多么不起眼，甚至不“体面”。

凯普在他的《自驱力》这本书中说到这样的一个故事：

几年前，我去巴黎参加研讨会，因为开会的地点不在我下榻的饭店，看地图研究许久，仍然不知道该如何前往会场所在的五星级旅馆，于是我走到大厅的服务台，请教当班的服务人员。

这位身穿燕尾服、头戴高帽的服务人员，是位五六十岁的老先生，脸上有着法国人少见的灿烂笑容，他仪态优雅地摊开地图，事无巨细地写下路径指示，并带着我到门口，再对着马路比划旅馆的方向。

他的热忱及笑容让人如沐春风。原来公认冷漠的“法式服务”，也能有如此动人的一面！我不禁在心里打了个惊叹号。

在致谢道别之际，他微笑有礼地回应：“不客气，祝你很顺利地找到会场。”接着他补了一句：“我相信你一定会很满意那家饭店的服务，因为那儿的服务员是我的徒弟！”

“太棒了！”我笑了起来：“没想到你还有徒弟！”

老先生的脸上笑容更灿烂了：“是啊，25 年了，我在这个工作已经做了 25 年，培养出无以计数的徒弟，而且我敢保证我的徒弟每一个都是最优秀的服务员。”他的言语流露发自内心的骄傲。

我看着他，心里有一种很奇怪的感觉。

“什么？都 25 年了，你一直站在旅馆的大门口啊？”

我不禁停下脚步，请教他乐此不疲的秘密。

老先生回答说：“我总认为，能在别人生命中发挥正面影响力，是很过瘾的事情。你想想看，每年有多少外地旅客来到巴黎观光，如果我的服务能帮助他们减少‘人生地不熟’的胆怯，而让大家有种宾至如归的感觉，因此有个很愉快的假期的话，这不是很令人开心吗？这让我感觉自己成为每个人假期中的一部分，好像自己也跟着大家度了假期一样的愉快。

“我的工作是如此的重要，许多外国观光客就因为我而对巴黎有了好感。”他说：“所以我私下里认为，自己真正的职称，其实是‘巴黎市地下公关局长’！”他眨了眨眼，爽朗地说。

这才是懂得工作的乐趣、敬业乐业的典范哩！

每一件事情对人生都具有十分深刻的意义。在这个世界上，从来就没有不好的工作，不好的只是你对待岗位的态度。有很多工作，它们看上去并不高雅，工作环境也不好，似乎是社会遗忘的角落。但是，我们千万不能因此而轻视它，只要它是对人类有用的，就值得我们去做。那些看上去低贱、肮脏、不体面的工作，一样可以磨炼你的意志，提升你的能力，为你将来的成功打下坚实的基础。所以，你没有理由看不起任何一份工作，任何一份工作都值得你去认真对待。

有时岗位可能与我们心里想的有差距，原本是冲着那样的岗位进公司的，却被分配到了这样的岗位上。从公司的角度考虑，首先，让你做什么工作，是上司认为你是合适的人选；其次，是为了让你得到锻炼，进一步了解公司的文化和经营管理状况，这对于你日后成长为一个优秀的人才是大有好处的。任何岗位都是一个锻炼的机会。只有想到这个原因，你才会积极地去适应岗位，热爱岗位，使岗位成为对你来说最恰当的岗位。

对于那些工作环境艰苦，繁重劳累或是工作地点偏僻、工作单调、技术性低、重复性大，甚至还有危险性的工作，要做到爱岗就不容易了。其实，任何工作都是好的，工作和职业本来没有高低贵贱好坏优劣的差别。所有的工作都有它本身的价值和分量，在你眼里不起眼的工作，却正是必不可少而且意义非凡。所以我们绝不可以轻视任何一份工作，而是要把手上的工作做到最好。

既使这份工作自己不太喜欢，也要尽一切能力去改变自己的态度，去热爱它，并凭借这种热爱去发掘内心蕴藏着的活力、热情和巨大的创造力。事实上，你对自己的工作越热爱，决心越大，工作效率就越高，工作也越快乐。当你抱有这样的热情时，上班就不再是一件苦差事，工作就变成了一种乐趣，就会有许多人愿意聘请你来做你更热爱的事。如果你对工作充满了热爱，你就会从中获得巨大的快乐，你一定会是一个敬业乐业的员工。

第三章 责任至上 勇于担当

——尽职尽责做自己的工作，不管别人说什么

责任不仅是至高无上的职业精神，而且也是我们做好一切工作的前提和保证。一个视责任至高无上、坚守职责、勇于担当的员工，做任何事情都能尽职尽责、尽心尽力做到最好，把自己的责任完美地落实，而不会在意别人说什么，不管别人的说法多么权威、批评多么严苛，嘲讽多么无礼，都要坚守责任、坚持原则，为工作、为责任不计一切！

1　责任是至高无上的职业精神

责任具有至高无上的价值，它是一种伟大的品格，在所有价值中处于最高的位置。责任是一种崇高的职业精神，它体现了最完美的职业责任和职业使命。爱默生曾说："责任具有至高无上的价值，它是一种伟大的品格，在所有价值中它处于最高的位置。"科尔顿曾说："人生中只有一种追求，一种至高无上的追求，就是对责任的追求。"

责任至高无上，不仅仅因为责任的伟大，更因为责任的重要。

陕西邑县一对农村夫妇为了生育安全，从数百里之外赶到咸阳陕中二附院生产，孰料刚出生的婴儿在接转中竟掉在地上，脑壳受到严重损害，送到北京医治，效果尚难预测。更让人愤怒的是，这种极不负责任的行为在被"问责"时，其科主任竟回答，这算什么问题，岂可停止人家的工作？

还有一起发生在西安高新医院的事件：一位护士将一女婴抱去洗浴后抱回竟成一男婴。"问责"之际，其科主任却大言不惭地说，谁还有不犯错误的时候？可见不负责任的后果有多严重。

责任至高无上，还因为责任是职业精神中不可或缺更不可替代的最关键的精神。没有这种职业精神，世界上的一切都会失去保障，而具有这种精神，世界将会大不一样。

据报道，汶川地震中，"刘汉希望小学"的教学楼在地震中屹立不倒，一栋栋坚固的教学楼保护了师生们幸免于难。

"刘汉希望小学"是"汉龙集团"公司捐赠建造的。

10年前，建造教学楼之时，公司负责人对经办监理学校修建工程的集团办公室主任强调，"亏什么不能亏教育，这次你一定要把好质量关，要是楼修不好出事了，你就从公司里走人吧”。

担负起这样的责任，这个办公室主任跟进督查教学楼建造的全过程。事后，刘汉面对记者，回忆起施工中遇到的几个问题：

刘汉发现施工公司的水泥有问题，含泥土太多，因为刘汉先生曾经是一家生产水泥的公司的副总，经他手灌注的水泥至少有50万吨，是绝对的行家，所以他要求施工公司老总必须把沙子里的泥冲干净，也不能用扁平的石子。从建筑专业而言，扁平石子混在水泥灌注过程中是灾难，水泥结实度大打折扣，他对施工队大发雷霆，愣是让他们把沙子里的泥冲干净，把扁平石头全部拣走。

一次会议中，他在追问工期拖延时，发现施工公司负责人眼神不对，才得知原来是有关方面的款项没有及时到位。按捐赠原则，企业捐款必须先到当地有关部门，再由有关部门把企业的钱下拨到具体施工公司中去，但施工公司并没有从有关部门及时拿到钱，于是刘汉又发火了，对有关部门穷追不舍，终于让款项到位。

在奠基仪式上，由于某个原因工期又得拖延，刘汉又发火了，他找到有关部门，据理力争，9月19日，学校终于平出一块崭新漂亮的操场。他说，看到那块操场铺平后很开心，而那块操场，就是10年后483名学生逃生的地方。

在采访过程中，这位办公室主任自豪地说：“可以负责地告诉你，绵阳5所希望小学建设均由我经办，而此次大地震未能撼动一幢，巍然屹立！师生未损毫发！”

从这个案例，我们可以看出两个问题，第一，“刘汉希望小学”的奇迹是“汉龙”公司和刘汉共同坚守的“职业精神”的结果；第二，刘汉的“职业精神”的结果是他所经手督建的绵阳5所希望小学，在大地震中屹立不倒，师生们毫发未损！

没有想到的是，残酷的大地震居然成了职业精神是最公平的裁判，成为了责任至高无上最有力的证明者。

责任至高无上，如果没有强烈的责任感，没有百分百负责任的人生态度，很难做到每一件事情都百分之百地负责，也很难有能抵御来自外部诱惑的自觉和能力。所以说，那些具有责任精神的人，是我们每一个职业人的楷模。

责任至高无上，一个人无论职务大小、地位高低，不管从事什么工作，只要你还在自己的岗位上，就应该安下心来，认真负责地完成这项工作，任何时候都牢记自己的责任，承担自己的责任，并且尽职尽责地站好自己的一班岗，这样一定可以赢得荣誉，获得成功。有很多人总以为自己地位低微，种种成就都不会属于自己，种种荣誉自己也不能享有。但实际上，荣誉和成功青睐每一个认真负责忠诚敬业的人，哪怕是一个清洁工，一个锅炉工，一个邮递员。只要坚守自己的责任，再平凡的岗位、再普通的工作也一样赢得尊重，收获赞美。

天安门广场的升旗仪式，是很多到北京旅游的人的必备行程之一。别看只不过10几分钟的升旗仪式，可很多人看得热泪盈眶，感动得涕泪涟涟。

可是相信很少有人知道，曾经有一个普普通通的工人，独自担任天安门广场的升旗手，而且这一升，从1951年10月1日到1977年5月1日，整整升了26年！他就是胡其俊。

1951年10月1日清晨，22岁的北京电力局政治供电科的工人胡其俊按照头天晚上接受的担当升旗手的任务，第一次走向天安门广场的国旗旗杆时，广场上的警卫因为从没见过他，好说歹说，就是不让他靠近。好不容易证明了自己，当胡其俊扳动旗杆上的开关，看着国旗缓缓滑到旗杆顶端时，太阳已经快要升起来了，广场上十分冷清。他“又高兴又害怕”地站在天安门广场的旗杆下，花了两分钟时间升起了一面国旗。这面旗不但宣告1951年国庆节正式到来，也宣告了他人生荣耀的开始。

从那一刻起的26年里，胡其俊便正式成为天安门广场的升旗手。既没有乐队，也没有掌声，26年里，每当有节假日、盛会和庆典，他都会独自一人用略有些机械的动作扳动开关，用自己高度的责任心，精心地把国旗升上天空。

1977年5月1日劳动节，48岁的北京电力局职工胡其俊像往常一样，又一次把国旗升到了天安门广场上空。不过这一天，胡其俊显得比以往要正式。他特意换上了一身涤卡衣服。这将是他最后一次在天安门升旗，从这天开始，北京卫戍区接手升旗的工作，国旗班代替了胡其俊，国旗班每次升旗先是有两个人，后来又增加到3个。他们穿着军装、手持国旗走出天安门时，比胡其俊要正式得多。1991年，当国旗护卫队代替了国旗班，胡其俊用过的22米高的旗杆，如今变成32.6米高，升旗的人数也从3个，变成了36个。

26年坚守一个工作，胡其俊以他高度的责任心把这件工作没有一次出错地完成了。更可贵的是，退休后的胡其俊牢记着组织“要保密”的规定，从来没有对任何人——哪怕是妻子、儿子——说起过关于升旗工作的只言片语，只到2002年，有人专门找到他采访，他才说出了26年的一些往事。对他来说，升旗应该就像是一个组织安排的政治任务，一个默默无闻的保密工作，他只是以自己高度的责任心、尽职尽责地去把它做好。就算退休了，也依然要对这个工作负责到底，这就是他最朴素的责任心。

责任至高无上。责任是一个人品格和能力的承载，是一个人走向成功必不可少的素养，承担责任既是一种崇高的职业道德，也是一种高尚的人格精神。所有成功的人，都是具有高度责任感的人。聪明、才智、学识、机缘等固然是促成一个人成功的必要因素，但缺乏了责任感，没有人可以取得成功。

2　选择了工作就选择了责任

工作就意味着责任，一份工作就必须要承担一份责任，你的工作就是你的责任，这是再简单不过的道理。因为世界上没有不需要承担责任的工作，你选择了工作，就必须要负起责任。只有负起责任，才能把工作做好。

在平均海拔超过3000米的山丹马场，环境恶劣，冰雹雪灾是家常便饭，甚至还有频发的轻微地震。从自然条件上来说，实在是一个环境极其恶劣的地方，但是就在这种地方，山丹人培育出来的山丹马，曾经荣获全军科技成果一等奖、国家科技进步一等奖。

王永军就是中牧集团总公司山丹马场的一场之长、国资委系统的劳动模范，长年工作在这个给人带来磨砺和豪情的地方。由于条件恶劣，山丹马场的牧马人大多都患有高血压、心脏病等高原病，很多人都因此坚持不住离开了。“我们不能走！”王永军坚定地说，“山丹马场就是生态保护的最前沿，牧马人看护的不仅仅是马匹，还有草场，而草场就是最自然的生态保护者。

“如果我们撤退了，谁来保护山丹马，谁来保护草原？保护草原是我们职责所在，因为我们的根就在草原！”牧马人是草原最后一道防线，是一道永不移动的护篱。如果人在、马在、草场在，西面的黄沙就不能大肆入侵，这是牧马人天生的使命与责任。“过去，我们养马是为了守卫边疆，现在养马是守护生态。时代变了，但使命未改，责任未改。”

在王永军的带领下，无论怎样艰苦，大家都没有放弃。他带着人搞暖棚育肥，发展种植业。不管多么困难，他都牢记着自己肩上的这份重任，牢记着自己的责任和使命。

工作就意味着责任。每一个职位所规定的工作内容就是一份责任。当你因为面对工作的难题而苦恼时，记住这是你的工作。你选择了它，就要有为它负责到底的准备，因为选择工作的同时也选择了责任。在这个世界上，没有不需要承担责任的工作，也没有不需要完成任务的岗位。

工作本身就意味着责任。一个人的工作态度折射着他的人生态度，而人生态度决定了一个人一生的成就。工作对一个人而言究竟是乐趣，还是枯燥乏味的事情，其实全要看自己怎么想，而不是工作本身。从工作中获得快乐、成功以及满足感的秘诀并不在于专挑自己喜欢的事情做，而在于发自内心地喜欢自己所做的工作。一个对工作负责任的人，无论他眼下是在搞清洁、挖土方，还是在经营大公司，都会认为自己的工作是一项神圣的天职，并尽职尽责地把工作做到尽善尽美，是一定会得到回报的。

在这个世界上，没有不需要承担责任的工作，也没有不需要完成任务的岗位。你得到了一份工作，你就必须承担起一份责任，这无可推卸，更不能逃避。如果放弃了责任，也就等于放弃了工作的权利。

3 对工作负责就是对自己负责

对工作负责，就是对自己负责。你的尽心尽力得到了老板的认可，你受到了敬重，自信也会逐渐得到提升。更重要的是，你获得乐趣的同时也得到了生存的资本，提高了生存的能力。活儿是为别人做的，更是为自己做的。

一个认真负责的员工，一定会有所收获。尽职尽责的人一定可以得到自己想要的东西，获得最终的成功，成为职场的赢家。

汉斯和诺恩同在一个车间里工作，每当下班的铃声响起，诺恩总是第一个换上衣服，走出厂房；而汉斯总是最后一个离开，他十分仔细地做完自己的工作，并且在车间里走一圈，确认没有问题后才关上大门。

有一天，诺恩和汉斯在酒吧里喝酒，诺恩对汉斯说："你让我们感到很难堪。"

"为什么？"汉斯有些疑惑不解。

"你会让老板认为我们不够努力。"诺恩停顿了一下又说，"要知道，老板已经下班了，没人看到你的工作，你为什么要这么卖命呢？"

汉斯微笑着回答说："因为我的工作就是我的责任，我得对我自己负责。"

你的工作就是你的责任，你就得为你的工作负责，对自己负责。因为你在认认真真、尽职尽责地对待自己的工作的时候，其实你也是在为自己挣着前途和将来。

在任何一家公司，只要你努力工作，认真、负责地对待每一件事情。你就会受到重用，从而获得更多的自尊和自信。不论你的工资多么低，不论你的老板多么不器重你，只要你能忠于职守、毫不吝惜地投入自己的精力和热情，渐渐地，你会为自己的工作感到骄傲和自豪，会赢得他人的尊重。以主人翁和胜利者的心态去对待工作，工作自然就能做得更好，企业自然需要，老板注定喜欢，你注定不可替代，注定成为"红人"。

反之，如果你糊弄工作的话，那你一事实上最终逃不过被工作糊弄的命运，尝到不负责任的苦果。

有一位母亲和两个女儿，母女三人相依为命，过着简朴而平静的生活。后来，母亲不幸病倒，家里的经济状况开始恶化起来。这时候，大女儿珍妮决定出去找工作，以维持家庭生计。

她听说离家不远的地方有一片森林，里面充满着幸运。她决定去碰碰运气。

如人们传说的那样，一切都很幸运。当她在森林中迷失方向、饥寒交迫的时候，抬眼一看，不知不觉之中她已经来到一间小屋的门前。

一跨进门，她吃惊地缩回了脚步，因为她看到了杯盘狼藉、满地灰尘的场面。珍妮是一个喜欢干净的姑娘，等她的手一暖和过来，她就开始整理房子。她洗了盘子，整理了床，擦了地。

过一会儿，门开了，进来12个她从没见过的小矮人。他们对屋里焕然一新的环境十分惊讶。小女孩告诉他们，这一切都是她做的。她妈妈病了，她出来找工作，想在这里歇歇脚。

小矮人们非常感激。他们告诉她，他们的仙女保姆去度假了。由于她不在，房子变得又脏又乱。现在他们需要一个临时保姆。小女孩高兴极了，她马上表示愿意当他们的临时保姆。

第二天，她早早地起床，给主人们做早餐，打扫屋子，准备晚餐，手脚勤快，工作又认真。

第三天、第四天也是如此。

到了第五天的时候，她透过厨房的窗子看到了美丽的森林风景。“对了，自从来到这里，我还没有见过白天森林的景色。出去看看吧。”小女孩对自己说道。

一切都是那么新奇。她在外面玩了整整两个小时。回到屋里的时候，太阳已经快落山了。她急急忙忙地跑过去整理床铺，洗盘子，准备晚饭。还有一件重要的事情——打扫地毯和地毯下面的灰尘。但由于时间太短，她决定不打扫地毯下面的灰尘了。“反正地毯下面没人看得见，有点灰尘也没有关系。”

一切都非常顺利，小矮人回来后，并没有发现什么。

又过了一天，珍妮又跑出去玩，又没有打扫地毯下的灰尘。

“我每周清理一次灰尘就可以了。”珍妮对自己说道。

又过了5天，小矮人们也没有说些什么。用过晚餐，他们聚在一起打扑克。其中有一位小矮人丢了一张牌，他们到处寻找都没有找到。这时候有一位小矮人开玩笑地说：“说不定那张牌钻到地毯下面去了。”很不幸的是，居然有人相信他的话，他们揭开了地毯，看见了灰尘满地的地板。

结局如你所料，幸运之神不再眷顾珍妮，她丢掉了这份工作，离开森林，开始寻找下一份工作。在深深的懊悔中，她开始明白：工作就是责任，做工作就是负责。如果糊弄工作，最终就会被工作糊弄，就会丢掉工作。

糊弄工作其实就是糊弄自己，这样的故事绝不仅仅是发生在故事里或是童话里。无论在什么地方，那些糊弄工作的人往往会成为裁员的“热门人选”，最终会被工作所糊弄，丢掉工作，失去工作的机会。让我们看一下通用电气的前首席执行官杰克·韦尔奇是怎样对待那些糊弄工作的员工的。

“每年，我们都要求GE公司的每一家分公司为他们所有的高层管理人员分类排序，其基本构想就是强迫我们每个公司的领导对他们的团队进行区分。

“他们必须区分出：在他们的组织中，哪些人是属于最好的20%，哪些人是属于中间大头的70%，哪些人是属于最差的10%。

“如果他们的管理团队有20个人，那么我们就想知道，20%最好的4个和10%最差的2个都是谁，包括姓名、职位和薪金待遇。表现最差的员工通常都必须走人。”

对韦尔奇的做法，戴尔公司创始人迈克尔·戴尔也深有同感。当问到迈克尔解雇一名“最差”员工通常采用什么方法时，迈克尔回答说：“动作要快，越快越好。如果有人持续表现欠佳，你可能以为等待会对他有利，那你就全错了。实际上，你会把事情搞得更糟。”

大家可能都听过这样一句话：“今天工作不努力，明天努力找工作。”那么同理，今天你糊弄工作，明天工作就会“糊弄”你，如果今天你糊弄了自己的工作，那么明天你就有可能成为公司裁员的对象。

责任心是一个人对自己的所作所为负责，是对他人、集体、社会、国家乃至整个人类社会承担责任和履行义务的自觉态度。这是一个人的决定，它几乎无法学习，别人也无法强迫。如果一个人没有责任心，他即使有再大的能耐也做不出好的成绩来。所以，聪明的员工一定要记住：对工作负责。**因为对工作负责就是对自己负责。**

4　明确责任才能更好地承担责任

要负责任，当然要知道你的责任是什么才行。你的责任是什么你都不知道，那你负什么责？对什么负责？所以，只有明确了责任，才能更好地承担责任。有些人之所以工作出现问题，就是因为不清楚自己的责任而造成的。他们把本该属于自己的责任看成与自己无关，所以没有尽心尽力地去做。只有他们认清自己的责任，知道哪些是自己分内必须做好的，哪些是在做好分内工作的基础上才可以做的，他们才不会顾此失彼，才能够主次兼顾，把决定要做的事情做好。

做好该做的事情，是一种崇高的责任，也是优秀员工必须具备的素质。当你明确了自己的责任后，你才会统筹安排，拿出最佳的方案，真正把劲使在刀刃上，效率与质量并重，把工作做得趋于完美，无可挑剔。

职责不清、责任不明，如何去承担责任，到底该谁承担责任，谁该承担大责任，谁承担小责任，谁不用承担责任，都不清楚。责任界限模糊，这样势必造成相关责任人互相推脱、谁也不承担、也不可能让谁承担责任的难堪局面。那么，就算是追究责任，也没有任何意义。

有三只老鼠一同去偷油喝。在一户人家的厨房里找到了一个油瓶，三只老鼠商量，一只踩着一只的脑袋，轮流上去喝油。于是三只老鼠开始叠罗汉，但当最后一只老鼠刚刚爬到另外两只老鼠的脑袋上时，不知是什么原因，油瓶竟然倒了，惊动了主人，三只老鼠只好四散逃窜。

回到鼠窝，他们决定开会来讨论一下此次偷油失败的真正原因。最上面的老鼠先发言，说："我没有喝到油，而且撞倒了油瓶，但这是因为下面第二只老鼠抖了一下，所以才让我撞倒了油瓶。"第二只老鼠说："我发抖是因为我感觉到第三只老鼠动了一下，我才不自禁地抖动了一下。第三只老鼠说："我是抖了一下，但那是因为我好像听见门外有猫的叫声。"

责任不明，就会互相推诿，所以，明确责任对于承担责任是十分重要的。

要更好地承担责任，首要的当然是明确自己的责任。一个员工，如果连自己的责任是什么都不明确，又如何能真正负好责任呢？只有清楚自己的责任，才能更好地承担责任，这是从古到今的至理。

现代公司几乎都制定了规章制度和岗位职责，员工要认真学习领会。明确自己的工作应该承担什么样的责任，这样就会有效防止因懈怠责任导致发生本可避免的问题，自然也就不会为承担莫名的责任而感到委屈，更不会以不清楚责任为由而推卸责任。也只有认清了自己的责任，才能知道自己究竟能不能承担责任。一旦发觉自己力所不及，就要想方设法弥补自己的缺点，提升自己的能力，才能真正地把责任承担起来。

有时候我们的工作因为各种各样的原因会造成与原岗位的剥离，如果这时对自己的责任不明确，就会造成责任不清，每个人都感到责任重大，到了关键时刻谁都负不了责，致使事情进展缓慢，甚至开展不下去。这个时候，就必须先明确责任，清理责任关系，使每个人明确自己的责任，才能顺利完成任务。

甲、乙、丙三人被公司选定实施一个项目，公司只指定甲为工作协调人的角色，主要负责安排任务，每周将具体工作进度和相关情况向公司领导汇报，而没有权力监督执行的结果。由于乙、丙对现场环境缺乏认识，而且又是第一次进入现场项目组，以前在工作中养成的散漫习惯逐渐暴露出来，项目仅进行了两周，就出现了严重的延迟现象。甲出于工作需要向乙、丙提意见，但乙、丙以甲无权干涉为由不予理睬。最终甲因无法忍受客户的投诉，向公司提建议，进一步明确项目成员的责任，尤其是增加自己协调人的管理职能。公司针对现场情况，授权甲管理和协调现场的人员。于是甲用了一周时间将现场工作的注意事项灌输给乙和丙，发生疑问必须立即在团队内部交流。又过了一周，项目的进展速度终于得以扭转。

一旦责任明确，就扫除了执行的障碍，工作自然会朝着健康的方向发展，也只有明确责任，才能承担起责任，把工作干好。所以，打消那些靠责任不清而推卸责任的幻想吧，没有人会因为你不清楚自己的责任而原谅你。

明确岗位责任，是为了更好地承担起自己应负的责任。只有当你知道了自己能够做什么时，你才能将事情做得更好。正如卡耐基所说：**“认清自己能做些什么，就已经完成了一半的责任。”**

5　责任心是做好工作的前提和保证

每一个在事业上取得成功的人，无一不是全心全意，尽职尽责的人。因为只有具有高度的责任心、敢于承担责任的人，才会有经起手就必须负起责的勇气，才能一丝不苟地把一切做得完美，才能保证责任的完美落实，并享受到责任带来的喜悦和成功。

2010年8月19日，由西安开往昆明的K165次列车运行到德阳至广汉间石亭江大桥时，大桥因为大洪水的冲击已经发生倾斜，列车紧急停车，11—17号车厢停在了危桥上，15、16车厢随时有可能掉入江水，情况相当危急，为确保旅客生命财产安全，列车长王巧芬果断决定组织旅客下车疏散。接到命令，西安铁路局西安客运段昆成二组K165次所有乘务员马上行动起来，

47岁的K165次列车15号硬座车厢列车员王肃立15时15分，K165次列车运行到德阳—成都间，突然列车开始左右摆动，紧接着上下剧烈颠簸，正在车厢做清洁的王肃立被列车从15号车厢连接处一下子甩到了临近的14号车厢连接处，身体左侧硬生生地碰到门棱上，左手、肩膀、小腿都被撞伤了，红肿起来。他顾不得疼痛，立即站起身来，突然一个刹车，又将刚刚起身的王肃立摔倒。王肃立爬起来，这时，他从窗户探出头来，看到车下惊呆了：滚滚江水离大桥只有不到1米，翻滚着拍打着大桥，列车停在已经悬空的两条钢轨上，左右摇摆着，正在一点一点下沉，随时都有掉入江中的可能。他所在的15号车厢和16号车厢被一股无形的拉力撕扯着，向两个相反的方向延伸，逐渐形成一个大"V"字，两个车厢的连接处设备已经完全破损，车底板"嘎嘎"作响，马上就要断开分离了。王肃立立即 不顾一切的大声喊道："14号车厢旅客往13号走，不要回头，只有往前走才能安全出去！"一边喊一边搀扶着身边的年老旅客前行。

车厢在快速扭曲着，中部渐渐拱起，天花板在往下掉，地板被撕裂的横七扭八。突然，王肃立发现一块很大的天花板将要掉落，正下方是一名彝族妇女，怀里抱着孩子。说时迟那时快，王肃立一个箭步冲上去，护着两人离开了危险地点，天花板重重地摔在地板上。

由于车厢里老年和儿童旅客较多，王肃立动员大家不要拥挤，照顾好自己的家人，尽量帮助年弱旅客，全部都要离开一个也不能少。通过全体列车员的努力，旅客全部疏散完毕后，王巧芬再次用对讲机和手机通知副车长、检车长、乘警长核对全列人数，确认全部脱离险区后再最后撤离。

当人员刚刚全部安全转移，大桥5、6号桥墩垮塌，K165次列车15、16号车厢相继掉入河中，但K165次车却没有一人伤亡！

是责任创造了这样的奇迹！责任是做好工作的基础和前提。如果不是K165次列车全体乘务员高度的责任心和对乘客负责到底的责任感，不是他们临危不乱，冷静应对，积极而有效的疏散，真不敢想象这个事故的后果会怎么样！

责任就是使命，责任至高无上。任何时候，责任都是我们最应当坚守的。而应当自觉主动地承担起自己的责任，尽职尽责地把工作做到最好，而不用在意别的人在怎么做，或是怎么说。我们所要坚持的，就是责任。这是我们干好工作的前提和保证，没有责任心，就不可能把工作干出色。所以，坚守责任，才是我们应当拥有的态度。

但实际上，并不是每一个人都天生就有强烈的使命感和责任感的。企业中常常有一些人放着成堆的活儿不干，却讥笑正在尽心尽力工作的人，这样的人，在任何一个公司都不会受到重用，甚至会被公司解聘。所以，负责的人千万不要受到他们的影响，要尽职尽责做好自己的工作，出色卓越地完成自己的工作。如果你能力一般，负责的态度可以让你走得更远，走得更好；如果你能力突出，负责的态度可以将你带向成功的顶峰。

6　绝不让"责任链"成为"责怪链"

企业组织中,岗位与岗位之间、员工与员工之间,是责任与责任的关系,他们之间犹如一台高速运转的机器中相互咬合的链条,链条上的每一环节每一个齿轮,都直接面向与自己咬合的上下左右的齿轮。每一个链条都是一份责任,长长的生产线或是生产流程其实就是长长的责任链,链链相接,环环相扣,如果某一个责任环节缺失了——譬如大齿轮责任缺失,将导致整台机器停止运行,一颗小螺钉的缺失也将产生无法预测的危机。所以,不论处在责任链上的任何位置,不让自己"掉链子"至关重要!

在环环相扣的工作过程中,一处似乎可有可无的细节,一件看起来微不足道的小事,或者一个毫不起眼的变化,往往可以决定工作的进展,决定安危成败,决定事故的发生与否。

当巴西海顺远洋运输公司派出的救援船到达出事地点时,"环大西洋"号海轮消失了,21 名船员不见了,海面上只有一个救生电台有节奏地发着求救的摩氏码。救援人员看着平静的大海发呆,谁也弄不明白在这个海况极好的地方到底发生了什么,从而导致这条最先进的船沉没。这时有人发现电台下面绑着一个密封的瓶子,打开瓶子,里面有一张纸条,21 种笔迹,上面这样写着:

一水理查德:3 月 21 日,我在奥克兰港私自买了一个台灯,想给妻子写信时照明用。

二副瑟曼:我看见理查德拿着台灯回船,说了句"这个台灯底座轻,船晃时别让它倒下来",但没有干涉。

三副帕蒂:3 月 21 日下午,船离港,我发现救生筏施放器有问题,就将救生筏绑在架子上。

二水戴维斯：离港检查时，发现水手区的闭门器损坏，用铁丝将门绑牢。

二管轮安特耳：我检查消防设施时，发现水手区的消防栓锈蚀，心想还有几天就到码头了，到时候再换。

船长麦凯姆：起航时，工作繁忙，没有看甲板部和轮机部的安全检查报告。

机匠丹尼尔：3月23日上午，理查德和苏勒的房间消防探头连续报警。我和瓦尔特进去后，未发现火苗，判定探头误报警，拆掉交给惠特曼，要求换新的。

机匠瓦尔特：我就是瓦尔特。

大管轮惠特曼：我说正忙着，等一会儿拿给你们。

服务生斯科尼：3月23日13点，到理查德房间找他，他不在，坐了一会儿，随手开了他的台灯。

大副克姆普：3月23日13点半，带苏勒和罗伯特进行安全巡视，没有进理查德和苏勒的房间，说了句“你们的房间自己进去看看”。

一水苏勒：我笑了笑，也没有进房间，跟在克姆普后面。

一水罗伯特：我也没有进房间，跟在苏勒后面。

机电长科恩：3月23日14点，我发现跳闸了，因为这是以前也出现过的现象，没多想，就将闸合上，没有查明原因。

三管轮马辛：感到空气不好，先打电话到厨房，证明没有问题后，又让机舱打开通风阀。

大厨史诺：我接到马辛电话时，开玩笑说：“我们在这里能有什么问题？你还不来帮我们做饭？”然后问乌苏拉：“我们这里都安全吧？”

二厨乌苏拉：我回答：“我也感觉空气不好，但觉得我们这里很安全。”就继续做饭。

机匠努波：我接到马辛电话后，打开了通风阀。

管事戴思蒙：14 点半，我召集所有不在岗位的人到厨房帮忙做饭，晚上会餐。

医生莫里斯：我没有巡诊。

电工荷尔因：晚上我值班时跑进了餐厅。

最后是船长麦凯姆写的话：19 点半发现火灾时，理查德和苏勒房间已经烧穿，一切糟糕透了，我们没有办法控制火情，而且火越来越大，直到整条船上都是火。我们每个人都犯了一点错误，但酿成了船毁人亡的大错。

一个大的悲剧，只因 21 个人在本职工作中对 21 个小“小处”的疏忽。单纯地看，21 个人，每人只错了一点点，但却造成了“万劫不复”的严重后果。

美国气象学家洛伦兹曾提出“蝴蝶效应”的理论学说，说的是巴西的一只蝴蝶翅膀挥动一下，会在美国的得克萨斯州形成飓风。看似荒谬的理论现在相信了吧，一只蝴蝶的翅膀振动会引发飓风，一点小疏忽会带来灭顶之灾！

工作中的失败，常常不是因为“十恶不赦”的错误引起的，而恰恰是那些一个个“不足挂齿”的不落实责任的细节积累而成的。工作中任何一个责任不落实，都会事关全局，牵一发而动全身。每一个细小的环节所产生的后果不断扩大，它们就不再是微不足道、可有可无的小责任。所谓大责任，都是由许多的小责任组成，忽视任何部分，任何一个组织都可能会功亏一篑。一件极小的事情经过一定的时间，并在其他因素的参与作用下，就有可能导致极为严重的后果。倒塌的责任链与“蝴蝶效应”颇为相似，往往就是因为一个小小的细节导致了责任链的坍塌。

企业的每一个岗位都是企业责任链上一个不可或缺的环节，任何一个责任链出了问题都必须及时得到修正才可以保证组织的正常运行。如果有责任不承担，有缺陷不改正，那就将和“环大西洋号”一样，陷入万劫不复的地狱，永世不得超生，那时候，后悔就迟了。

所以，每一个负责任的、有责任心的员工都不会让自己的“责任链”掉下，更不会推诿自己应负的责任，把“责任链”变成“责怪链”。

为了避免责任的缺失或断裂，为了避免“责任链”像“多米诺骨牌”一样倒塌，每一个员工都应该认识到“责任链”的重要性。在工作中，要做到人人都负责，每一个责任都落实，结成一根坚固的“责任链”，而不是相互推诿、互相扯皮，变成一根破坏性极大的“责怪链”。

有一家生产日化用品的公司，由于厂房地势较低，每年都要经历一两次的抗洪抢险。有一年夏天，老板出差到广东去了，出差前，他叮咛几位主要负责人：“时刻要关注天气预报。”

一天晚上，远在广东的老板给几位负责人打电话，因为他看到天气预报说有雨，担心厂房被淹。当时，厂房所在地已经下雨了，可能由于天气关系，老板一连打了几个电话，都打不通，最后打到了财务经理的家里，让他立即到公司查看一下。

“嗯，我马上处理，请放心！”接完电话，财务经理并没有到公司去，他心里想：“这事是安全部的事情，不该我这个财务经理去处理，何况我的家离公司还有好长一段路，去一趟也费事。”于是，他给安全部经理打了一个电话，提醒他去公司看一下。

安全部经理接到电话时有些不愉快，心里说：“我安全部的事情，不需要你来管。”他也没有去公司，当时他正在打麻将，连电话也没有打一个，他心里说：“反正有安全科长在，不用管它了。”

安全科长没有接到电话，但他知道下雨了，并且清楚下雨意味着什么，但他心里想有好几个保安在厂里，用不着他操心。当时，他正在陪朋友喝啤酒，把手机也关了。

那几个保安的确在厂里，但是，用于防洪抽水的几台抽水机没有柴油了，他们打电话给安全科长，科长的电话关机，他们也就没有再打，也没有采取其他措施，早早地睡觉去了。值班的那一位睡在值班室里，睡得很沉，他以为雨下的不大。

到深夜时分，雨突然大起来，值班保安被雷声吵醒时，水已经漫到床边！他立即给消防队打电话。

消防队虽然来得很及时，但由于通知太晚，6个车间还是被淹了5个，数十吨成品、半成品和原辅材料泡在水中，直接经济损失达300多万元！

事后追究责任时，每一个人都说自己没有责任。

财务经理说："这不是我的责任，而且我是通知了安全部经理的。"

安全部经理说："这是安全科长的责任。"

安全科长说："保安不该睡觉。"

保安说："本来可以不发生这样的险情，但抽水机没有柴油了，是行政部的责任，他们没有及时买回柴油来。"

行政部经理说："这个月费用预算超支了，我没办法。应该追究财务部责任，他们把预算定得太死。"

财务部经理又说："控制开支是我们的职责，我们何罪之有？"

老板听了，火冒三丈："你们每个人都没有责任，那就是老天爷的责任了！我并不是要你们赔偿损失，我要的是你们的态度，要的是你们对这件事情的反思，要的是不再发生同样的灾难！"

"责任链"在不负责任的人嘴里，就轻而易举地变成了"责怪链"，忘掉了责任只剩下责怪。这是一种极不负责任的态度，希望成功的员工，是不会忘掉自己的责任的。

7 勇于承担责任，绝不推卸责任

如果说，智慧和勤奋像金子一样珍贵的话，那么，还有一种东西则更为珍贵，那就是勇于负责的态度。

古往今来，对于勇于负责的人，人们都会给予最多的尊重和青睐，勇于负责的人也总是那些成就最大的人。

1920年的一天，一位12岁的美国小男孩正与他的伙伴们踢足球，一不小心，小男孩将足球踢到了邻近一户人家的窗户上，一块窗玻璃被击碎了。一位老人立即从屋里跑出来，勃然大怒，大声责问是谁干的。伙伴们纷纷逃跑了，小男孩却走到老人跟前，低着头向老人认错，并请求老人宽恕。然而，老人却十分固执，小男孩委屈地哭了。最后，老人同意小男孩回家拿钱赔偿他15美元。而在当时，15美元是个不算小的数目，用那笔钱足可以买125只母鸡！对于这个每天只有几美分零花钱的小男孩来说，这是个想都不敢想的天文数字。

小男孩向父亲说了这件事，当然是希望父亲会替他承担这份责任。可是他没想到，一直对他宠爱有加的父亲却要他自己去负责。小男孩为难地说："我哪有那么多钱赔人家？"于是父亲拿出15美元，严肃地对儿子说："这笔钱我可以借给你，但一年后你必须还给我。因为，承担自己的过错是一个人的责任，你不能逃避。"

于是小男孩把钱付给邻居后，就放弃了平日里热衷的各种游戏，把课余时间都利用起来做自己力所能及的工作。经过半年左右的不懈努力，他终于挣够了15美元，并把它还给了父亲。父亲高兴地拍着他的肩膀说："一个能为自己的过失行为负责的人，将来一定会有出息的。”平生第一次，他通过自己的顽强努力承担起了属于自己的责任。

后来在美国经济大萧条时期，他的父亲也破产了。那时男孩大学刚毕业，但他主动负担起整个家庭的生活，并资助哥哥学习。后来，他成为一位著名的电视节目主持人。但就在他处于新闻事业顶峰的时候，同样是出于强烈的责任感，他公开批评了自己所在电视公司的最大赞助商——通用电气公司。因此他不得不离开媒体界，从此投身政界。

然而，就在他获得自己梦想的政界职位后，又一场经济危机阻碍了他的前行之路。于是他又负担起了领导当时世界上第一强国走出困境的责任，最后，他把一个开始复苏的美国交到了继任者手中，他就是美国第40任总统罗纳德·威尔逊·里根。后来里根总统在回忆自己小时侯打碎窗玻璃这件事时说：“一个人要勇敢地承认自己的错误，要勇敢地承担自己的责任。只有勇于承担责任的人，才能成为一个大有作为的人。”

自己的责任要自己来承担。有责任心的人在任何时候都绝不会推卸自己的任何责任，而是勇于承担责任。

工作着就意味着责任，责任在此，怎么可以推卸？忠诚敬业的员工比谁都更明白这一点，也就比谁都更坚守自己的责任，因而他们也更能得到赏识和重用，更容易成功。

世界上最愚蠢的事情就是推卸责任。日常生活中，每个人都难免会出现错误，但是，当问题发生后，有些人为了推卸责任，找出许多借口为自己来辩解，并且说得振振有词，头头是道。诸如，“他们不采纳我的建议”、“我是按照公司的要求做的”、“这不能怪我”，等等。其实，这样做并不能把责任推得一干二净。

有一家公司要开一个大型的客户研讨会，主管这次会议的是负责营销的王经理。在会议开始时，连准备工作都还没做到位，主持台上的麦克风说不到几句话便卡壳，在播放公司的形象宣传片时又听不到声音，开幕式搞得非常糟糕。

王经理知道这事搞砸了，倒是主动找到了老总，可是他不是去承担责任，而是去推卸责任的，他说："真的对不起，这事是由于小赵没有检查清楚，而我的助手小陈又没有检查出来，这是他们的错，我会处分他们的。"

老总被他的话气得差点吐血，只说了一句话："王经理，这是他们的错，我要你做什么啊，你是做什么的啊？从现在开始，你不用干了！"

王经理推卸责任，最后把自己的工作也推掉了。

其实，人难免有疏忽的时候，没有谁能做到尽善尽美，这是可以理解的。但是，如何看待已经出现的问题，就能看出一个人是否能够勇于承担责任。很多时候，一个人推卸责任，也一并将自己成功的机会推掉了。

一个员工与其为自己的失职找理由，倒不如大大方方承认自己的失职，主动承担自己的责任，上司会因为你能勇于承担责任而不责难你。相反，敷衍塞责，推诿责任，找借口为自己开脱，不但不会得到别人的理解，反而会"雪上加霜"，让别人觉得你不但缺乏责任感，而且还缺乏起码的真诚，这样的人怎么会得到信任和重用呢？

一个勇于承担责任的人，无论做什么工作，都能出类拔萃，做到最好，因为高度的责任心可以让他抛开一切干扰，专心致志地做好自己的事，为自己的工作负起责任。也只有那些能够勇于承担责任的人，才有可能被赋予更多的使命，才有资格获得更大的荣誉。

8 尽职尽责，把自己的工作做到最好

只有尽职尽责，才能把工作做到最好、最完美。这是被无数成功者证明过的一个真理。

年轻的洛克菲勒最初在石油公司工作时，既没有学历，又没有技术，从而被分配去检查石油罐盖有没有自动焊接好的工作。此工作是整个公司最简单枯燥的工序，同事戏称连3岁的孩子都能做。每天洛克菲勒看着焊接剂自动滴下，沿着罐盖转一圈，再看着焊接好的罐盖被传送带移走。

半个月后，洛克菲勒忍无可忍，他找到主管申请改换其他工种，但被回绝了。无计可施的洛克菲勒只好重新回到焊接机旁，既然换不到更好的工作，那就把这个不好的工作做好再说。

洛克菲勒开始认真观察罐盖的焊接质量，并仔细研究焊接剂的滴速与滴量。他发现，当时每焊接好一个罐盖，焊接剂要滴落39滴，而经过周密计算，实际上只要38滴焊接剂就可以将罐盖完全焊接好。

经过反复测试、实验，最后洛克菲勒终于研制出“38滴型”焊接机，也就是说，用这种焊接机，每只罐盖比原先节约了一滴焊接剂。就这一滴焊接剂，一年下来却为公司节约5亿美元的开支。年轻的洛克菲勒就此迈出日后走向成功的第一步，直到成为世界石油大王。

全心全意是指把全部的身心和精力投入到工作中去。一旦选择了一份工作，就专心致志地投入到工作中去，认真负责地把工作做到最好。只有扎扎实实地做好本职工作，才谈得上职业发展和事业追求。

马汉伟，浙江嘉兴铁路派出所民警，一个平凡岗位的坚守者，一个百姓平安的捍卫者，一个四等小站的普通线路民警，一个天天走两条钢轨、“混迹”于村民中的普通民警，因为对工作高度的责任心，使他在一个最平凡的岗位上执著地实现了卓越的不凡人生。

一个四等小站，一个平凡的铁路民警，却用30年的时间诠释了两个字——责任。因为责任，他背起遭遇车祸、血肉模糊的大娘奔向医院，救人于危难之中；因为责任，他多方奔走协调，跑断了腿说破了嘴皮，为村民安全建起跨立交桥；因为责任，他凭着自己的韧性坚持，协调各方修成了一条200米的便民小道，保障了铁路沿线村民的出行安全；他为了保障火车提速的安全，在动手术之后就立即返回岗位；因为责任，他有了一句大家耳熟能详的口头禅：我要尽职尽责，才能对得起你们哩……点点滴滴的事迹叙说了马汉伟30年的尽职尽责的职业人生，也告诉我们一个普通人如何因为责任而从平凡实现卓越的成长奥秘。

30年来，他先后被评为“十佳线路民警”、“全路优秀人民警察”等各种各样的奖励。更重要的是，在大伙心中，他已经是小站保护神的化身了，这比什么荣誉都让他更觉得自豪和满足，也没有什么比这更能证明他的工作做得好了。

无论什么时候都对工作尽心尽力、尽职尽责的人，才会得到丰硕的回报，才会得到别人的认可，这不仅是工作的原则，也是人生的原则。无论你在什么工作岗位上，如果能全身心投入工作，忘我工作，就一定会取得成就。

微软总裁比尔·盖茨在被问及他心目中的最佳员工是什么样时，他说：“一个优秀的员工应该对自己的工作尽心尽力，当他对客户介绍本公司的产品时，应该有一种传教士布道般的狂热！只有把自己的本职工作当成一项事业去做的员工,才可能有这种宗教般的激情,而这种激情正是驱使他尽心尽力地工作的最重要因素。”

尽职尽责、尽心尽力地工作是每个员工的财富。它将直接影响你工作的好坏和你的前途,能够尽心为公司做事的人不仅是对公司有益,更重要的是有益于自己健全人格的培养。有这种工作精神的人无论干什么工作都会是最出色,也会是老板最器重的。

第四章　勤奋踏实　刻苦肯干

——勤勤恳恳做自己的工作，不管别人说什么

俗话说“一勤天下无难事”。勤奋是多数人走向成功的秘诀，勤奋是卓越工作的不二法门。所以，要做好工作就要勤勤恳恳、踏踏实实。不要在乎别人说你是“图表现”，是“出风头”。要做好自己的工作，除了勤勤恳恳，努力刻苦，别无他法。

1　勤奋是卓越工作的不二法门

俗话说“一勤天下无难事”。勤奋是成功的必经之路，也是走向卓越的不二法门。

在今天这个充满机遇和挑战的社会里，要想让自己抓住机遇脱颖而出，就必须要求自己付出比其他人更多的勤奋和努力。一个人只有积极进取，奋发向上，才能够达成愿望。在平凡岗位上辛勤工作的人也是如此，在领导岗位上的人更是如此。

隋朝时期的李密，少年时候被派在隋炀帝的宫廷里当侍卫，他生性灵活，由于在值班的时候左顾右盼，被隋炀帝发现，认为这孩子不大老实，就免了他的差使。李密并不懊丧，回家以后，立志发愤读书，决定做个有学问的人，每天勤读诗书。一次，李密骑牛出门看朋友，在路上，他把《汉书》挂在牛角上，抓紧时间读书。于是，牛角挂书一事便被传为佳话。

古人有勤奋态度的人数不胜数，匡衡凿壁偷光、囊莹映雪、孙敬头悬梁、苏秦锥刺骨、韦编三绝，我们知道的故事还有华佗学医、诸葛亮喂鸡、鲁班学艺、李白铁杵磨成针、王羲之吃墨、张三丰创太极等，这些都是我们所耳熟能详的历史人物都是中华民族历史上勤奋学习的典范，他们都为我们提供了学习的榜样。“长江后浪推前浪，一代应比一代强”，我们当代人不应该落后于古人。

中国著名的农业学家王祯，他走遍了南北方的17个省区，经过10几年时间，编成了巨著《农书》，书刚问世不久，王祯就去世了。《农书》的规模宏大，范围广博。全书共37卷，大约13万字，插图300多幅。其中包括农桑通诀、百谷谱和农器图谱三大部分，既有总论，又有分论，图文并茂，系统分明，体例完整。王祯的勤奋最终成就了他的这本巨著。

这样的人不在少数,陈景润,在攀登数学高峰的道路上翻阅了国内外上千本有关资料,通宵达旦地看书学习,演算研究,最后取得了震惊世界的成就,成为最接近数学王冠上的明珠的人。华罗庚先生在科学的道路上,凭着锲而不舍勤奋努力的精神,最终成为科学苍穹中一颗闪耀的明星。而艺术家梅兰芳先生在戏剧的舞台上,凭着自己的苦学精神,让自己成为人们心中永远无法忘怀的一个角色。是他们勤奋的精神让他们在各个领域有所建树。

高尔基说过,"天才出于勤奋"。卡莱尔也说过,"天才就是无止境地刻苦勤奋的努力"。爱因斯坦说过,"人们把我的成功,归因于我的天才;其实我的天才只是刻苦罢了。"这些名人的经验之谈告诉我们,只有勤奋,才能成才。

只有勤奋才是成功的不二法门!离开了勤奋,不管你有多么高的天分,有多么深厚的背景,都难以跨进成功的大门。有了勤奋的精神,即使你天分不够,依然可以取得成功。这就是勤奋给予我们的最高的奖赏!

2 勤奋是成功的必经之路

古罗马皇帝在临终时给罗马人留下了这样一句遗言:"勤奋工作吧!"中国古语说,"业精于勤荒于嬉";西方名言说,"天才=1%的灵感+99%的汗水"……

一位哲人说:"世界上能登上金字塔顶的生物只有两种:一种是鹰,一种是蜗牛。不管是天资奇佳的鹰,还是资质平庸的蜗牛,能登上塔尖,极目四望,俯视万里,都离不开两个字——勤奋。"

缺少勤奋的精神,哪怕是天资奇佳的雄鹰也只能空振双翅;有了勤奋的精神,哪怕是行动迟缓的蜗牛也能雄踞塔顶。成功不单纯靠能力和智慧，更要靠每一个参与者的忠诚、敬业和勤奋。只有坚持不懈地付出努力，才是取得成功的不二法门。

美国著名专栏作家乔治的第一份工作，是在一个小镇上当老师，薪水十分微薄。其实他的优势很明显：教学基本功不错，还擅长写作。乔治一边抱怨命运的不公，一边羡慕那些工作体面、薪水优厚的同学。这样一来，乔治不仅对工作提不起兴趣，写作也变得索然无味，他不务正业，一天到晚琢磨着“跳槽”，希望能有机会找到一个较好的工作。

两年的时间一晃而过，乔治的本职工作干得一塌糊涂，写作上也一无所获。这期间，他试着联系几家自己向往已久的公司，但没有一家公司愿意接纳他。

正在乔治心灰意冷的时候，一件平常的小事，彻底改变了乔治的生活状态。

那天学校开运动会，这在当时精神生活极其贫乏的小镇，无疑是件大事，因而前来观看的人络绎不绝，小小的操场围得水泄不通。乔治来晚了，他站在人墙后面，使劲踮起脚也看不到里面热闹的情景。

这时，身旁一个矮小的男孩引起了乔治的注意，只见他不知疲倦地一趟趟从不远处搬来砖头，在那人墙后面，耐心地垒着台子，一层又一层，足有半米高。乔治不知道他花费了多长时间垒起这个台子，不知道他因此少看了多少精彩的比赛，但他登上自己垒起的台子朝周围的观众灿然一笑时，那份成功的喜悦，却是那样地令乔治神往。

刹那间，乔治的心被震了一下——多么简单的道理啊！要想越过密密的人墙看到精彩的比赛，就要比别人站得更高，要想比别人站得更高，就要不怕辛苦在脚下多垫一些砖头。

从那以后，乔治开始勤奋地工作，在工作中比别人付出了更多的汗水和辛苦。很快他被评上了优秀教师，各种令人羡慕的荣誉也纷纷落到他头上，业余时间，他不辍笔耕，作品频繁见诸报端，成了多家报刊的特约撰稿人。如今，他已成为一个很有名的专栏作家。

哲人曾经说过，古罗马有两座圣殿：一座是勤奋的圣殿；另一座是荣誉的圣殿。他们在安排座位时有一个秩序，就是必须经过前者，才能达到后者，因为勤奋是通向荣誉之殿的必经之路。

只有勤奋是通向成功的必经之路。那些成功者，那些做出了惊天动地大事的伟人，那些忠诚敬业成就卓越的人，都有一个共同的特点，那就是勤奋。从来没有一次成功是不需经过勤奋努力奋斗而得来的，从来没有一个成功者是散漫懒惰的。

在一次聚会上，有一位卓越的实业家阐述自己的成功之道时，特别提到他的座右铭，“勤奋的工作，刻苦努力的钻研，比黄金还要宝贵”。他说：“我之所以有今天的成就，全在于这几十年中，在工作上遵从‘勤奋’二字所致。不急躁，持之以恒地勤奋下去，所以我成功了。”

勤奋不仅是一种对待工作的态度，而且也是一种对自己负责任的表现。要想在这个人才辈出的时代里走出一条完美的职业轨迹，唯有依靠勤奋工作的精神去激励自己不断地进取，才能够实现人生的梦想。

我们总是羡慕那些冠军们站在领奖台上时的风光和荣耀，却不知道荣耀的背后是他们付出的无数的汗水和泪水——世界上永远不会有不劳而获的荣耀和成功！

像一个传奇一样的奥运冠军菲尔普斯，也一样是靠勤奋苦练才得来的成功。有人说，菲尔普斯是一位游泳天才，因为只有天才才能一举拿下8枚奥运金牌。在强手如云的体育竞技活动中，我们知道，不少运动员都在很多年的努力后，一无所获，甚至连参加奥运会的资格都没有。一个人在一届奥运会的一项运动中独揽8枚金牌，这不仅是菲尔普斯个人的传奇，更是奥运史上的传奇！

是什么创造了这样的奇迹？有人说，因为他的身体素质好，他是游泳的天才。毋庸置疑，菲尔普斯有着令其他游泳选手羡慕的身材。但仅凭这个条件他就能取得这么辉煌的成就吗？菲尔普斯的话给了我们最好的答案：获得成功，勤奋是最重要的。

让我们看看菲尔普斯的第一次奥运会吧：崭露头角，初次代表美国参加奥运会的他，比赛即将开始，他发现自己竟忘了带证件。他太激动也太紧张了，最后他只取得了200米蝶泳的第五名。这个成绩对一个年轻运动员来说是不错了，但对于原本踌躇满志的他来说，这是怎样的遗憾啊！这惨痛的经历让菲尔普斯深思，他认为紧张不是失败的理由，没有扎实的功底和过硬的实力才是失败的原因。当他把所有的错误都归于不勤奋，当他明白只有勤奋的人才能沉着应对比赛。他开始学习勤奋，于是曾经偷过懒睡过懒觉的他告诫自己，懒惰不可能成功，只有付出更多才能获得成功。从此以后，艰苦的训练、超强度的苦练伴随他一路前进，屡屡夺冠。菲尔普斯以自己传奇般的故事再一次证明了这个真理——只有勤奋是通向成功的必经之路！

不管我们现在从事什么样的职业，不管我们站在哪一个岗位，应该牢记的是：**勤奋是通向成功的必经之路，无论是谁，都无法绕过。**

3 一勤天下无难事，勤能补一切不足

一勤天下无难事。勤奋是世界上最有效的万能钥匙，只要有勤奋的精神，不管什么样的事都不再是难事，不管什么样的目的都可以达到，而不必管你的学历多高、经历多少、天分好不好。因为勤能补拙，勤能弥弱，勤能补一切的不足！

由于命运的不公巴雷尼很小就因病患了残疾，母亲每天陪他练习走路，做体操，常常累得满头大汗。面对病魔他以勤奋经受住了命运给他的严酷打击。他勤奋刻苦学习、钻研，最后以优

异的成绩考进了维也纳大学医学院，并在大学毕业后，以全部精力致力于耳科神经学的研究，终于登上了诺贝尔生理学和医学奖的领奖台。

对这些人，我们普通人往往都会感到很渺小。张海迪，面对高位截瘫而自强著书；霍金，遭受帕金森症折磨仍依靠惊人的毅力，完成了一系列惊人的关于大爆炸和黑洞的理论，对量子物理作出了巨大的贡献。贝多芬，双耳失聪仍创名曲，这些人作为残障人士仍有如此大的成就，就足以胜过所有人，足以说明勤奋能弥补一切的不足。

天资并不能决定一个人的成就。许多的聪明人都曾为一个问题而困惑不解：明明自己比他人更有能力、天分更高，为什么成就却远远落后于他人？关键还是勤奋。

当一个人视自己的事业如自己的生命一般神圣，当一个人把勤奋努力作为人生的座右铭，当一个人把自己的全部精力都投入到某一工作中去，就算他天资不足，就算他愚钝笨拙，就算他身患残疾，但又有什么做不成功的事情呢？

一份耕耘一份收获，有努力就有回报。任何人，哪怕天分再低，只要勤奋努力了，都会有所成就，有时成就甚至连自己也吃惊。

出生于澳洲墨尔本的尼克，天生没有手也没有脚，但他却拥有财务规划和会计两个学位，有自己的投资公司，他的行踪遍及24个国家和地区，他的演说和他的成长经历感动了亿万人。他的这一切，都来自于他的勤奋。

现任美国加州州长、曾经是好莱坞最具票房号召力的著名演员阿诺德·施瓦辛格当年只是一位瘦削的少年，但他那时候便为自己定下了一生的伟大目标。所以，从很小的时候，他下决心练习举重，每周3次去当地的体育馆，每天晚上还要在家里训练几小时，直到精疲力尽为止。经过多年辛勤到别人难以想象的苦练之后，他终于以自己健美壮硕的体型获得了全美健身冠军。然后，按着他的人生规划，他转向电影事业。但是一直被很多人讥讽为“肌肉男”，除了展示自己的一身肌肉不会有什么大的发展，但是，这位健身冠军靠自己的勤奋学习和认真努力成了电影史上票房收入最高的演员，也是娱乐业中最富的人之一。就在他的演艺事业如日中天之时，他再次选择了自己早就规划好的路——走向政坛。他宣布息影从政，当上了州参议员，并决定参选加州州长。他没有多少从政的经验，这一切他都得从头学起，他的勤奋精神这时又发挥出了重要的作用，他用比别人多得多的付出和辛苦，一举成功当选加州州长。从运动员到影视明星再到现在的加州州长，一路走来，施瓦辛格把每个角色都扮演地非常成功，以至于现在的他是众多青少年的成功典范。

当康道利扎·赖丝上中学时，人们告诉她考试成绩表明她求学不会有什么前程，因为她实在算不上聪明。但她不信这一套，以祖父和外祖父为榜样来激励自己（他们一人同时干起三种工作来养家，另一人克服重重困难于 1920 年完成大学学业），全身心地投入学业之中，结果，15 岁就考进丹佛大学，19 岁以优异成绩毕业并荣幸地进入 BK 联谊会（美国大学优秀生和毕业生荣誉组织。）今天，41 岁的赖丝是斯坦福大学有史以来最年青的教务长，并是担任这种权威职位的第一位女性和第一位非洲裔美国人。

是什么因素使这两个不同类型的人攀上各自领域高峰？施瓦辛格在最近一次接受电视采访时言简意赅地说：“勤奋，勤奋！外加不断自我要求和积极的思维。”

在任何领域奋斗，抱负和动力都不可少，不过，从那么运动员、企业主管、艺术家和科学家的成功中我们都可以看到：达到顶峰者并不一定是天资最佳的人，而是那些肯下苦工夫勤奋努力的人。甚至很多成功者根本没有天资或是天资还远远不及一般人，他们也一样可以成功，就因为他们比别人付出了更多的和汗水，因为他们比别人更勤奋！

客观的任何原因都是可以克服的，最主要的原因还在于我们的心里，在于我们对梦想追求的热情和对工作所持的态度。只要有忠诚敬业、勤奋努力的精神，梦想就一定会实现，成功也不再遥远。

4　肯干比能干更胜一筹

世界上天赋高、能力强的人很多，但成功的人却总是那些看起来并不聪明和能干的人。这其中有什么样的秘密呢？其实很简单：肯干比能干更重要。

能干，是做好工作的前提和基础，肯干却是做好工作的态度保证。能干只说明你可以把事干好，只有肯干才能证明你确实干好了事。能干却不肯干，就什么也干不成，成功从何而来？不能干却肯干，却终有一天会变得能干。那时候既能干也肯干，成功自然理所当然。这就是为什么那么多天赋奇高的人不能成功而资质平平甚至看似愚笨呆蠢的人却让人大跌眼睛攀上高峰的真正原因。

在报纸上看到一篇关于国内一位舞蹈演员在加拿大芭蕾舞团担任主要角色，并在国际大奖赛中摘得桂冠的报道。初看到这个故事的时候并不感到震惊，但接着往下读，报道中列举的她每天的训练量，却让读者对这位舞蹈演员肃然起敬。

她每天的练习量为：

第一：每天训练长达 11 个小时；

第二：经常连续 11 个小时反复练习同一个动作。

以上两点正是舞蹈演员成功的法宝。难怪这位舞蹈演员能在国际大奖赛中一举夺魁了。

在同一个地方待上 11 个小时已是难事，而且又是在反复练习同一个动作，岂不难上加难！其间必将充斥太多的单调、枯燥、乏味。有这种勤奋精神，不想成功都难！

成功不是唾手可得的,成功也绝不是仅靠天赋就可以达到的。所以,肯干永远比能干要重要,也永远比能干更有成效。

有的人能力很强,有一技之长,但却自恃能干固执己见,看不起其他人,工作态度也很差,懒散懈怠,从来没有想过努力去把工作干好。这样的人,也许在企业非常需要他的技术的时候,可能会暂时地倚重他,一旦失去他的重要性,企业或是老板一定不会再留着这样能干却不肯干的人的。

中国人说“怀才”,所谓“怀”,是潜在体内而已。如果没有运用这个才去做任何事,便跟无才没两样。天赋再高的人,若不去做,与无才也没有两样。因为不做便等于没效果,没效果的人便等于无用之人。不愿干、不肯干,自私挑剔,不尽心尽责,便等于办事效率低,不但本身效率低,亦阻碍到整体的办事效率,这样自然不为人所乐用,怀了再大的才也无济于事。

可以想象一下,有两个员工,一个勤奋主动、热情进取,像一个上满发条的钟表一样为公司工作;另一个却总是丢三落四、散漫怠惰,像只泄了气的皮球一样见工作就躲。就算一个愚笨一个聪明,如果你是上司,会做什么样的选择呢?这个答案是不言自明的!

一分耕耘,一分收获。只有辛勤地耕种,挥洒自己的汗水,才能有收获的喜悦。有通天的才华,不愿干不肯干,那又有什么用?

5 多加一盎司,刻苦工作就是要多做一点点

著名投资专家约翰·坦普尔顿通过大量的观察研究,得出了一条很重要的定律——“多一盎司定律”。他指出,取得突出成就的人与取得中等成就的人几乎做了同样多的工作,他们所做出的努力差别很小,只是“多一盎司”。一盎司不过 1/16 磅,换算成国际单位大约是 30 克左右如果按中国单位则不过半两——确实是微不足道的一点点,但却是极为重

要的一点点,因为加一盎司和少一盎司其结果将有惊人的不同。

在小学数学中,1.01和0.99之间的差距是微乎其微的,几乎可以忽略不计。但如果以1作为人生处事的及格标准,那么这两者的差距便是巨大的。

假如用1作为标准,也就是说,你的工作达到了1,就是合格的。每天的工作都达到1,你永远都是合格的,不管多少个1连乘,结果永远都是1。

有一组算式:

1.01×1.01=1.0201

1.01×1.01×1.01=1.030301

1.01×1.01×1.01×1.01=1.04060401

1.01×1.01×1.01×1.01×…=

如此乘下去,结果是越乘越大,无数个1.01相乘,就会接近于无限大。1.01连乘69次,结果就大于2,也就是说,增大了一倍多。

假如你每天的工作都是1.01,也就是说,比合格稍微好出一点点,似乎看不出来有什么收益,也许还会抱怨自己比别人多做了事情,吃亏了。其实不然,69天以后,你就不是你了!你就比以前的你成长了一倍,变成了2!

另有一组算式:

0.99×0.99=0.9801

0.99×0.99×0.99=0.970299

0.99×0.99×0.99×0.99=0.96059601

0.99×0.99×0.99×0.99×…=

如此乘下去,结果是越乘越小,无数个0.99的乘积会接近于无限小。0.99连乘68次,结果就小于0.5。也就是说,减少了一半。

假如你每天的工作都是0.99,也就是说,比合格稍微欠缺一点点，似乎看不出来有什么害处，也许还会庆幸自己比别人少做了事情，占便宜了。其实不然，68天以后，你就不是你了！你只是以前的你的一半，变成了0.5！

1.01与0.99之间的差是0.02。但如果我们每一位员工在做工作时，多做一点点、多想一点点、对细节多关注一点点、比标准多出一点点，努力做到1.01，那么我们的企业就会在每个人的努力中越做越大。

永远多做0.02这么一点点，成功就来自0.02这么一点点！

多一盎司定律其是是一条普通的成功定律，不论是在体育、科研、企业、政界、演艺界，这都是重要的成功定理。许许多多的成功者论天赋、论机会都并不比别人强多少，而他们最终成功，就在于他们比别人多加了那一盎司而已。

2004年雅典奥运会男子110米栏比赛，刘翔第一个冲过终点，他创造了中国田径的奇迹，他的夺冠让世界震惊。当刘翔站在领奖台上，我们会说他成功了，这成功是靠他的运气吗？还是老天的垂怜？不。如果成功很容易得到，那成功就会变得很廉价。在每个成功者的背后，都是比别人更多的付出换来的。

刘翔为了能在雅典奥运会中取得骄人的成绩，不畏艰辛，刻苦训练。每天，他都要举着杠铃做下蹲起立，一做就是几千下。做仰卧起坐，一做就是几千个。单调的跨栏动作，一练就是一整天。他的教练为了让他练得更扎实，竟把他的腿用力地向上搬，先是放在自己的肩上，然后再把刘翔的腿一直搬到头颈，但他咬紧牙关，坚持着、坚持着……为了成功，他放弃了与家人团聚，放弃了一切休闲娱乐……雅典奥运会上的12秒91是他用无数个12秒91换来的。

勤奋努力地去工作，不在乎多加一盎司，多做一点点，这是许多成功者之所以成功的秘诀所在。在日常工作中，有很多工作环节都是需要我们增加那“一盎司”的。大到对工作、公司的态度，小到你正在完成的工作，甚至是接听一个电话、整理一份报表，甚至不过是把车再擦干净一下，只要能“多加一盎司”，把它们做得更完美，你将会有数倍于一盎司的回报，这是毋庸置疑的。

一个修车店的小学徒，每次在为车主修好车后，都要把车子擦拭得漂亮如新。每到这时，其他学徒都笑他多此一举：“前来修车的人只付给了你修车钱，你擦车子又没有报酬，何苦呢？”小学徒并不理会，他始终没有停止他的做法，他养成的这一好习惯使他一次次为车主提供了优质满意的服务，他的劳动也得到了越来越多的人的认可。

一次在他又为车主修好车并擦拭干净以后，他被一家公司挖走了，车主就是这家公司的老板。从此，他有了一份更好的工作，毫无疑问他的多加一点点的精神会让他在新的岗位上有更大的前途。

刻苦努力、勤奋认真，不在乎多做了一点点，不仅是做好自己工作的重要方面，更是让自己有更好的前途和未来的重要途径。所以，不要怕自己多做了一点被人说成傻，被人讥笑，被人嘲讽，坚持自己的道路，好好做自己的工作，刻苦努力，不怕付出，最终的成功一定会属于你。

6 抛弃懒惰和懈怠的恶习

勤奋可以给个人和民族创造辉煌，在世界历史上留下痕迹的事情都是勤奋的结果。懒惰能给个人和民族带来毁灭，它从来没有给世界历史留下好的声音。

懒汉们经常抱怨自己竟然没有能力让自己和家人衣食无忧，勤奋的人则说：“我也许没有什么特别的才能，但我能够拼命干活以挣取面包。”

许多企业员工不热爱本职工作，因为他们对工作没有兴趣，在工作中懈怠而非专心致志。无数的职场事例表明，懈怠产生无聊，无聊则导致懒散。世界上没有天生的懒人,人总是期望有事可做。

懒惰之人的一个前期特征是懈怠逃避。而对一个渴望锦绣前程的职场中人来说,懈怠是最具破坏性,也是最危险的恶习,它使人根本无法把精力用在工作中。一旦开始推诿懈怠,就很容易变成一种根深蒂固的恶习,而且这种恶习很难根除。

实际上,懈怠工作是对惰性的纵容,一旦形成懒惰的恶习,就会消磨人的意志,使你对自己越来越失去信心,怀疑自己的毅力,怀疑自己的目标,甚至会使自己的性格变得犹豫不决。

有一位靠慈善机构救助的失业青年写信告诉成功学家卡耐基,他说自己曾经多次求职,均遭失败,他希望卡耐基先生告诉他解决的办法。

于是,卡耐基来到了贫民区,找到了这位青年。他发现这位青年对事业有着强烈的欲望,却难以战胜多年来养成的懒惰习惯,不能勤奋地工作,才陷于困境之中。

卡耐基对他说:"你总是想做一番事业,但是当你真的面对一份工作的时候,又不肯勤奋努力。其实,一个人如果不能抵挡懒惰的诱惑,便不会有一个勤奋的开始。失去了勤奋,一个人也只有在困境之中自甘堕落,挥霍自己的青春。"

这位青年说:"我很想改变自己的这个毛病,但我没有想出战胜它的办法。"

卡耐基说:"给自己制定一个短期目标,找一份工作,每天咬紧牙关要求自己从一点一滴的小事做起,认认真真地干好每一天的工作。并且,养成每天把自己的私人房间都收拾得干干净净、清清爽爽的习惯,勤奋的意识便会慢慢渗入你的脑海之中。"

这位青年听从了卡耐基的忠告,不再接受慈善机构的捐助,开始寻找工作,自己养活自己。他走到大街上,发现许多公司的牌匾上面落了很厚的灰尘,却无人擦拭。便抱着试试看的心理,找到一家公司的主管,对他们说:"牌匾脏了会影响公司的形象,我可以将贵公司门前的牌匾擦拭干净，而且工钱很便宜。”公司的主管欣然接受了他的建议。他便花了几个小时将公司门前的那块牌匾擦拭得焕然一新。公司的主管很高兴，给了他工钱之后，还对他说，希望他今后能继续提供这种服务。

受这件事的启发，这位青年用这次擦拭牌匾赚来的钱印了传单，买来了需要的清洁用品，为所有需要清洁牌匾的公司提供服务。他的这项服务推出后，立刻受到社会各界的欢迎。一时间，订单像雪片一样飞来，他立刻全身心地投入自己的工作之中。

后来，这位青年在此基础上成立了一家专门清洁牌匾和粉刷楼房外墙的公司。每天，他都要求自己和工人们在一起干活。结果，由于服务周到、信誉良好，他的财源滚滚而来。

其实，谁都无法否认，人都是有惰性的，只是每个人“惰”的程度不同而已，关键是我们要去有意识地规避惰性，抛弃懈怠，去激发自己的积极性，养成勤奋努力的好习惯。

勤奋工作既是一种能力和克己的训练，也是成功的唯一途径。所以要有意识、有意志地让自己拒绝懒散和萎靡不振，如果你这样做了，成功应该离你不远。

抛弃懒散和懈怠的恶习吧，只有那些勤奋努力、做事敏捷、反应迅速的人，只有充满热忱、血气如潮、富有思想的人，才能把自己的事业带入成功的轨道。

7　拒绝浮躁，踏踏实实做好本职工作

忙乱，热闹，处处手忙脚乱，时时心神不宁。一切时间似乎都不再够用，注意力也永远无法聚焦于一点……凡此种种，有一个特别的名字，叫做浮躁。

时下，社会给人的压力是越来越大，房子、车子、票子……样样需要人的双手去创造，致使太多人做事急于求成，急功近利。于是浮躁的情绪也就不断充斥着他们的大脑。但恰恰相反，越是浮躁越难成事。事实更是验证了，凡是成就大事的人都会力戒"浮躁"，他们修身养性，善于控制自己的心绪，这种稳健的心态是处理各种问题的前提所在，什么样的心态决定什么样的结果。

一位年轻人在岸边钓鱼，坐在他旁边的是一个老人，也在守望着一根长长的钓杆。一段时间过去了，奇怪的是，老人时不时地就能钓到一条银光闪闪的鱼，可是年轻人的鱼漂却"无鱼问津"。年轻人终于按捺不住，迷惑不解地问老人："我们钓鱼的地方相同，您也没有用什么特别的诱饵，为什么我就毫无所获呢，而鱼儿却买你的账呢？"老人微笑着说："这就是你们年轻人的通病，喜欢浮躁，情绪不稳定，动不动就烦乱不安。而我钓鱼的时候，常常达到了浑然忘我的地步，我只是静静地守候，不像你会时不时地动动鱼竿，叹息一两声，我这边的鱼根本就感觉不到我的存在，所以，它们咬我的鱼饵，而你的举动和心态只会把鱼吓走，当然就钓不到鱼了。"

钓鱼这一小小的事件却蕴藏着深刻的哲理，有的时候，我们输给对方的不是外在的条件，而之所以功亏一篑，是因为我们没有调整好心态，没有控制好情绪，一切都流于浮躁。

浮躁是一种冲动性、情绪性、盲动性相交织的病态社会心理，它与艰苦创业、脚踏实地、励精图治、公平竞争是相对立的。浮躁使人失去对自我的准确定位，使人随波逐流、盲目行动，冲动行事，所以，要想有所成功，就要摒弃浮躁的心态，学会踏踏实实地做好自己的工作。

年轻人做事的大忌就是浮躁。浮躁有几种表现：第一，好高骛远，自以为是。首要的失误在于不切合实际，既脱离现实，又脱离自身，总是这也看不惯，那也看不惯。或者以为周围的一切都与他为难，或者不屑于周围的一切，终日牢骚满腹，认为这也不合理，那也有失公允。张三不行，李四也不怎么样，唯有自己出类拔萃。不能正视自身，没有自知之明，是好高骛远者的突出特征。你该掂量自己有多大的本事，有多少能耐，不要沾沾自喜于过去某方面的那一点点成绩，要知道自己有什么缺陷，不要以己之所长去比人之所短。不要心中唯有自己的高大形象，从不患不知人，唯患人之不己知。一天又一天，一年复一年，总是有一种怀才不遇、英雄无用武之地的感觉。

第二，处于一种烦躁状态：觉得事事都没什么可做的，没什么意义，做不出个什么名堂出来，没劲。

第三，急功近利。做事毛毛草草，巴不得立马干好，只讲速度，不讲质量。现在的人，尤其是年轻人，很多都有急功近利的思想。从学校一毕业就希望找能到实现自己人生梦想的工作，毕业两三年后就迫不及待地想干一番大事业，拿一份让众人为之羡慕的高薪，升到一个不错的职位。

因为总有人在讲，某某 30 岁不到就上了中国富豪榜前 3 强，某某 27 岁就担任了团省委副书记，某某 26 岁就成了国际知名影星。同时，我们也不停地从各种渠道听到，某某家的儿子，现在在上海有房有车，某某家的女儿在美国留学回来后担任某跨国公司的高级经理，某某同学现在年薪几十万。为什么我就不能呢？我一定要努力奋斗，力争在这样的年龄达到像他们一样的水平。于是，我们有付出，也有努力，只要哪条路能够通向年轻有为，我们就拼命往哪挤，只要哪份工作能赚到大钱，我们就毫不犹豫地去争取，但却并没有考虑过这份工作究竟适合不适合我们，也没有评估自己的风险意识和知识技能适不适合从事这种岗位。反正就是一心想成功，也不清楚究竟何为成功。在这样浮躁的社会下，每个人都有一种浮躁的心态。而在这种心态下，又如何可以成功？有些人一直达不到目标，于是我们又开始变得焦躁不安，变得哀叹世道不公，怀才不遇。少数幸运儿达到目标了，却又有更大的欲望，有的人甚至迷失了自我，并没有弄清楚自己的价值究竟在哪里，而是变成了金钱的奴隶。

欲速则不达。实际上，成功的人，往往是靠着踏踏实实的作风，一步一步地走向成功的。没有谁可以一步登上山顶，也没有人可以一步走向成功。中国人讲究厚积薄发,在做一件大事情的时候,先奠定各方面的基础。你用弹弓打石子,起步速度很快,但是打不了多远就会掉下来;火箭发射,起初的时候速度很慢,但是后面却能够升上太空。毛泽东为了建立新中国,从 1927 年 300 杆枪上井冈山,到 1947 年战略反攻,积累了 20 年。原国务院总理朱镕基,40 来岁的时候,还是石油工业部管道局电力通讯工程公司办公室副主任。所以,要想成功,最重要的还是打基础、充电,脚踏实地,一步一步踏踏实实地向成功前进,才能真正拥有成功。

在一种浮躁的社会背景下,想保持心态平衡,无怨无悔,是颇有难度的。渴望成功没有错,对成功不必急于证明,浮躁的想要做大事,不是成功的唯一表达方式,也不是最好的表达方式。

许多人刚步入职场,就梦想明天当上总经理。刚创业,就期待自己能像比尔·盖茨一样成为富人之首。要他们从基层做起,他们会觉得很丢面子,甚至认为这简直是大材小用。尽管他们有远大的理想,但缺乏专业的知识和丰富的经验,缺乏脚踏实地的工作态度。

然而,凡是取得一定成就的人,其工作作风一向是踏实的。著名华商李嘉诚就说过:"不脚踏实地工作的人,是一定要当心的。假如一个年轻人不脚踏实地,我们使用他就会非常小心。"

所以,踏踏实实是职场人士所必备的素质,也是实现梦想、成就一番事业的关键因素,自以为是、自高自大是脚踏实地工作的最大敌人。每个职场中的人要想实现自己的梦想,就必须调整好自己的心态,打消投机取巧的念头,从一点一滴的小事做起,在最基础的工作中,不断地提高自己的能力,踏踏实实,从一点一滴认真干起,才是通向成功的正确的路。

现在,许多年轻人在得到第一份工作时,都必须从基层做起。有这一类人底薪相对较低,也没有固定的升迁进度表来作依照,从而变得不耐烦,开始寻找取得更好工作。其实成功的捷径只有一个,即踏踏实实,从一点一滴干起。

1985 年,因 PLAZA 会议所引发的日币升值,造成许多日本企业陷入空前危机,某些公司濒临破产。相反的,也有一些公司渡过危机,业务蒸蒸日上。玩具厂商TAKARA就是其中之一。

佐藤安太于1955年创立佐藤塑胶工业所,由于他们所推出的抱抱娃蔚为流行,而使得业绩疾速成长,这可谓第一阶段成长期。公司名称也就由佐藤塑胶工业所改为TAKARA,以专业玩具制造商的姿态进军市场。1984年,TAKARA的发展可说是一帆风顺。初期当日币升值时也仅稍微受到影响,但事态却有愈来愈严重的趋势,年度收益也由1987年的58亿日币大幅滑落到16亿日币。佐藤安太唯一想到的对策,就是将经营方针改为国内贩售。这让他不知所措,还因而失眠了好几天。幸好佐藤安太终于理出头绪来,他认为在转换成国内贩售前,企业本身必须先进行改革。

于是佐藤安太抱着痛定思痛的心情,将公司的组织扎实化。改革之后,TAKARA开发出一种听到声音就会跳舞的花——Rock Flower而造成轰动。佐藤安太语重心长地表示,他要感谢日币升值给了他一个重新出发的契机。因为这件事促使自己反省,进而巩固公司的体制,才造就了今日成功的TAKARA。

脚踏实地工作的人,能够控制自己的情绪,避免浮躁,在遇到困难时,也不会凭借侥幸去瞎碰,而是认认真真地走好每一步,踏踏实实地用好每一分钟,从基础工作做起,在平稳中孕育和成就梦想。

2001年4月,郑州市公安局技侦支队支队长任长霞调任登封市公安局局长,成为河南省公安系统有史以来第一位女公安局长。当时任长霞面临的形势非常艰难:民警队伍涣散、积案堆积如山、群众怨声不断、行风评议年年倒数第一。上任后,任长霞深入基层调查摸底,跑遍了登封17个乡镇区派出所,找到了问题的症结所在。随即,她从“从严治警”入手,清除了队伍中的3个害群之马,15名长期不上班、旷工、迟到以及参与违法违纪行为的民警被开除、辞退。此举使登封民警的精神面貌焕然一新。

在整顿队伍、严肃警风的同时，任长霞集中精力力大案、攻积案，打响了一场又一场攻坚战。一系列大要案纷纷告破。面对辉煌的战绩，干警和群众服了。大家都说："咱登封来了个女神警，案发一起就破一起。"

刑事犯罪案件破获了，任长霞又着手解决深层次问题。2001 年 4 月 23 日，她从一封平常的群众来信中了解到，松颖避暑山庄老板王松纠集不法分子在白沙湖一带横行乡里，敲诈勒索，致使上百人受到伤害、7 人丧命，民怨极大。她决心挖掉这颗毒瘤。4 月 29 日，王松手下的爪牙因参与作案被抓获，王松企图以钱开路，打通关节，救出这几个"弟兄"。5 月 1 日晚，王松来到任长霞办公室，随手甩出一沓钱，说："手下人捅了娄子，请任局长高抬贵手，网开一面。"任长霞严词拒绝，并将计就计，指令民警将王松一举擒获，移送检察机关。

2001 年 4 月 25 日，任长霞抽调 20 余名民警成立"控申专案组"，按照"立足化解，妥善处置"的思路，变上访为下访，变被动为主动，把控申工作查处信访积案作为一项"民心工程"，纳入工作的整体目标。她把每周六定为局长接待群众日，诚心倾听群众呼声。据不完全统计，3 年时间她共接待群众来信 3467 人次，使 476 户上访老户罢访息诉，被广大人民群众赞誉为"任青天"、"女包公"。

任长霞正是凭借自己脚踏实地和认真努力的工作作风，得到了人民的认可，也收获了事业的成功。

当你在沙堆里的时候，无论你使多大的劲，总没有你在结实的路面上跳得高、跳得远。其实，做工作也是如此，如果你好高骛远，不踏踏实实地做好平凡的工作，也就等于没有为自己的进步打下坚实的基础，那就在人生道路上犯了一个大错误。所以，要真正实现人生的价值，就一定要摒弃浮躁的心态，一步一个脚印地向前走，才能最终抵达成功的彼岸。

第五章　讲究方法　追求高效

——井井有条做自己的工作，不管别人说什么

忙要忙到点子上，不能瞎忙；干要干得有效率，不能空干；勤要勤得有价值，不能白勤！所以要讲究工作方法，追求工作效率，能干还要会干，实干更要巧干，井井有条地干，轻松高效地干，才能真正把工作干好。

1 效率第一，忙要忙到点子上

美国的时间管理之父阿兰·拉金说过，“勤劳不一定有好报，要学会聪明地工作”。拉金先生的意思是说，一个人只靠忙并不能保证取得好的结果，只有善于提高效率，做出成绩，才是“忙”得有价值。因为不管哪个单位，最为看重的都是效率第一。

如果一个人仅仅是不计效果地努力工作，那么这个人的发展潜力肯定是有限的。这也是在同样的时间内，付出的努力也差不多的情况下，不同的人会取得不同业绩的原因所在。任何人在努力工作的同时，也需要不断审视自己的效率和效果。埋头苦干只能说明自己是一个好的员工，而不是优秀的员工，得不到重用也是正常的。忙必须忙出效果，如果没有效果，那忙碌只是一种盲目的作秀。

职场中，“最近比较忙”是很多人的口头禅，在讲究效率的当今社会更是如此。忙着工作，忙着赚钱，忙着学习，忙着消费……“忙”字成了很多人心头唯一的关键词。当然，“忙”也是无数人工作和生活的写照。虽然“忙”字代表了人们的生活状态，但它代表不了人们的生活质量，很多整天忙碌的人没有取得业绩，从头至尾都是在“穷忙”，没有任何意义。因为区别一个人工作效率高低的重要标准不是看他多么努力地工作，而是要看他能不能时刻忙于要事，忙在点子上。

安德鲁·伯利蒂奥是利用时间的楷模，他从来不浪费一秒钟的时间，只要时间允许，他一定会努力工作。所有知道他的人都说：“看，安德鲁·伯利蒂奥真是太会珍惜时间了！”

人们都知道，为了能成为一名出色的建筑师，他利用好每一秒钟。每天，他把大量的时间用在设计和研究上，除此之外，他还负责很多方面的事务，熟悉他的人都知道他是个大忙人。他风尘仆仆地从一个地方赶到另一个地方，因为他太负责了，以至于不放心任何人，每一件工作都要自己亲自参与了才放心。时间长了，他感觉到很累。

其实，在他的时间里，有很大一部分都浪费在管理那些乱七八糟的事情上。无形中，他增加了自己的工作量。

有人问他："为什么你的时间总是显得不够用呢？"他笑着说："因为我要管的事情太多了！"

后来，一位教授见他整天忙得晕头转向，却仍然没有取得令人骄傲的成绩，便语重心长地对他说："人大可不必那样忙！"

"人大可不必那样忙！"这句话给了他很大的启发，他就在听到这句话的一瞬间醒悟了。他发现自己虽然整天都在忙，但所做的真正有价值的事实在是太少了！这样做对实现自己的目标不但没有帮助，反而限制了自己的发展。

大梦初醒的安德鲁除去了那些偏离主方向的分力，把时间用在更有价值的事情上。很快，他的一部传世之作《建筑学四书》问世了。该书至今仍被许多建筑师们奉为"圣经"。

安德鲁·伯利蒂奥的成功只是因为一句话："人大可不必那样忙！"

综合安德鲁·伯利蒂奥的经历我们可以看出，之前他在所有的事件上"折腾"了大量时间，却效率低下，之后他将有限的时间放到了更有价值的事情上，获得了更大的成功。这就是忙到点子上的巨大威力。

事实上，做事效率低的人之所以无法高效地完成工作，并不是因为他们能力不够、热情不足，而是由于没有真正忙到点子上。

某部门主管因患心脏病，遵照医生嘱咐每天只能上班三四个小时。他很惊奇地发现，这三四个小时所做的事在质和量方面与以往每天花费八九个小时所做的事差不多。他所能提供的唯一解释是：他的工作时间被迫缩短，他只好将它花在最关键的工作上。这或许是他得以维持工作效能与提高工作效率的主要原因。

如果一个人把自己的精力放在一些不重要和无意义的事情上，那么他就没有时间去做重要的事情了。这也是很多人总是忙得团团转，整天被各种事情“折腾”得筋疲力尽，工作却不见成效的重要原因。时间并不能直接为你带来结果，只有正确的行动才能为你带来正确的结果。一个人只知道忙而不知道忙于正确的事，就好像一个把宝押在了错误的地方的赌徒，最后只能是把时间连本带利地输光。

作为职场人员，你可以在你的办公桌前贴一张字条提示自己，比如，“忙到点子上，我必须做最有价值的事情”等，以此来尽可能减少琐碎无价值的工作。也许，这样的方法能让你的效率翻番，尽可能减少“穷忙”。

2 正确做事，第一次就把事情做对

正确地做事与做正确的事是“效率第一”理念的精髓所在。正确地做事与做正确的事在本质上是一样的，但“正确地做事”强调的是效率，其结果是让我们更快地朝目标迈进；“做正确的事”强调的则是效能，其结果是确保我们的工作是在坚定地朝着自己的目标迈进。

正确做事，不仅要注重程序，更要注重目标。正确做事是一种主动的、目的性强的工作方式。在工作中，对目标负责，做事有主见。只有善于创造性地开展工作，才能够紧紧围绕公司目标，为实现公司目标而发挥能动性，在制度允许的范围内，努力促成目标的实现。

安妮是微软公司的一名销售主管，她不仅是一个勤奋努力的员工，同时也是一个有主见、识大局、能够主动去做正确的事的员工。

有一次，安妮被公司派去参加一个销售专题讨论会。她很清楚自己的专长，特别是转型人才和国际IT市场动态等问题，她计划在会上与业内精英做一个很好的交流并使自己有所提高。

但是，第一天她就遇到了麻烦，公司要求她来协调与会者的傍晚活动，这样可以更深层次地履行公司作为东道主的职责。本来为这次讨论会的成功做出贡献也是安妮的心愿，这也符合她的价值观和原则，她越思考越觉得这是她应当做的。

于是，她就接受了，但她发现自己处于巨大的压力和忧虑之中，来回奔忙，试图满足每个人的要求，但由于抽不出时间来做原来想做的事而使自己变得很沮丧。

就在这种沮丧中，她突然停下来，问自己："等一等，我为什么要去做那些自己并不擅长的事呢？我有义务去执行公司派给的任务，但我也不必去做那些小事啊！再说公司并不是不明白我的长处，我向他们说明我的处境，他们应该会派一名适合做这个工作的人来接替我的，难道不是这样吗？"

她深深吸了一口气，拨通了公司的电话，将自己目前的处境跟上司做了沟通。上司立即明白了她的想法，并做出了及时的调整，派出了一名专门安排各种活动的公关经理接替了安妮。

在这次研讨会上，安妮独特的见解和市场眼光赢得了业界人士的普遍赞扬，也给微软公司赢得了极大的荣誉和良好的影响。

经过了这次经历以后，安妮每次接受任务时都会考虑哪些事是应该做的，怎么做才能取得最好的效果。也正是这样的工作作风，使她每次都能赢得公司的表彰，多次被评为公司的优秀员工。

能够做正确的事，是一个做事有目的的人，一个做事有效率的人，一个能够忙于要事的人。但是，要达到做事的效率最高，还有一个重要的理念必须把握——第一次就把事情做对。

“第一次就把事情做对”是著名管理学家克劳士比“零缺陷”理论的精髓之一。“第一次就把事情做对”也是质量的护墙，是效率的保证。第一次就做对是最便宜的经营之道！

也许有人会说：“第一次没做对不要紧的嘛，我可以做第二次，做第三次。”是的，第一次没做对时可以重新做第二次，甚至是第三次，但是这样做既浪费时间又会浪费精力，假如没有及时发现错误，有时带来的损失将是致命的。

某广告公司在为客户制作的宣传广告中，将客户的联系电话中的一个数字弄错了。当他们把制作的宣传单交给客户时，客户由于时间紧，第二天就要在产品新闻发布会上使用它，因此没有经过审核就接收了。直到新闻发布会结束后，在整理剩下的宣传单时，才发现关键的联系电话有错误，而这样的宣传单已发放了5000多份。

客户一怒之下，向广告公司要求巨额赔偿。由于错在己方，而且客户召开新闻发布会的费用的确巨大。无奈之下，广告公司只好按照客户的要求进行了赔偿。但事情并没有就此结束，这件事情传开后，广告公司便在客户中失去了信誉，渐渐没有生意可做了，因为没有人再敢把自己的业务交给他们去做，害怕再出差错给自己造成麻烦和损失。

一次小小的失误，就把一家本来极有前途的广告公司打垮了。我们不妨设想一下，假如广告公司的员工在工作中能细心点，能一次就把事情做对，那么，这样的现象是完全可以避免的。

第一次没做好，不仅浪费了第一次做事的时间，更浪费掉了返工的时间和精力。就算第二次、第三次能把事情做好，但这划算吗？浪费的人物、物力、时间，都会让我们的效率大打折扣。可见，“第一次就把事情做对”才是保证效率最大化的最有效的方式。只有第一次就把事情做对，才

能保证损失的最小化,保证事情的零缺陷。

"第一次就把事情做对",有些员工错误地认为这个要求太苛刻,不近情理,因为"我们都是凡人,怎么可能不犯错误呢?"有的员工甚至认为在工作中出现一点小错,是很正常的。比如,生产工人认为一个零件不合格,对公司并不能造成什么明显的损失,没有必要小题大做。

其实,这些员工还没有真正懂得第一次就做对的重要性。在很多成功的企业里,"第一次就把事情做对"是必须的。比如,在麦当劳,炸鸡腿、鸡翅的时间是用秒来控制的。少一秒,没熟透,多一秒,会显老。也就是说,无论多一秒还是少一秒,都会影响鸡肉的口感。因此,每个麦当劳员工都必须一次做对,因为顾客还在服务台前等着呢。福特公司也如此要求员工。在整条流水生产线上,每一个零配件生产出来之后,马上就被送去组装。因为没有库存,任何一个环节出了问题,都会导致全线停产,所以必须第一次就把事情做对,没有任何回旋或找借口的余地。

所以,盲目的忙乱毫无价值,必须终止。要学会有计划、有标准、有方法地忙,忙到点子上,把事情做对做好做正确,不返工不浪费,"第一次就把事情做好",把该做的工作做到位,这正是解决"忙症"的要诀。

3　用更少的时间做更多的事

1897 年,意大利经济学家帕累托偶然注意到英国人的财富和收益模式,于是潜心研究这一模式,后来提出了著名的 80/20 法则。80/20 法则告诉人们一个道理,就是要把自己的时间和精力放在自己最重要的事情上,用更少的时间做更多的事。这也是提高一个人工作和生活效率的关键。

对职场人士来说,80/20 法则告诉我们:避免将时间花在琐碎的多数问题上,因为就算你花了 80%的时间,你也只能取得 20%的成效。你应该将时间花在重要的少数问题上，因为解决这些重要的少数问题，你只需花20%的时间，即可取得80%的成效。

研究二八法则的专家理查德·科克认为："凡是洞悉了二八法则的人，都会从中受益匪浅，有的甚至会因此改变命运。"

理查德·科克在牛津大学读书时，学兄告诉他，"要尽可能做得快，没有必要把一本书从头到尾全部读完，除非你是为了享受读书本身的乐趣。在你读书时，应该领悟这本书的精髓，这比读完整本书有价值得多"。这位学兄想表达的意思实际上是：一本书80%的价值，已经在20%的页数中就已经阐明了，所以只要看完整部书的20%就可以了。

理查德·科克很喜欢这种学习的方法，而且以后一直沿用它。牛津并没有一个连续的评分系统，课程结束时的期末考试就足以裁定一个学生在学校的成绩。他发现，如果分析了过去的考试试题，把所学到知识的20%，甚至更少的与课程有关的知识准备充分，就有把握回答好试卷中80%的题目。这就是为什么专精于一小部分内容的学生，可以给主考人留下深刻的印象，而那些什么都知道一点但没有一门精通的学生却不尽考官之意。这项心得让他并没有披星戴月终日辛苦地学习，但依然取得了很好的成绩。

后来，理查德·科克到了一家顶尖的美国咨询公司工作。就在这里，理查德·科克发现了许多二八法则的实例。咨询行业80%的成长，几乎全部来自专业人员不到20%的公司。而80%的快速升职也只有在小公司里才有。当他离开第一家咨询公司，跳槽到第二家的时候，他惊奇地发现，新同事比以前公司的同事更有效率。

怎么会出现这样的现象呢？新同事并没有更卖力地工作，但他们在两个主要方面充分利用了二八法则。首先，他们明白，

80%的利润是由20%的客户带来的，这条规律对大部分公司来说都行之有效。而这样一个规律意味着两个重大信息：关注大客户和长期客户。大客户所给的任务大，这表示你更有机会运用更年轻的咨询人员；长期客户的关系造就了依赖性，因为如果他们要换另外一家咨询公司，就会增加成本，而且长期客户通常不在意价钱问题。

二八法则无论是对企业家、商人还是电脑爱好者、技术工程师和其他任何人，其意义都十分重大。这条法则能促进企业提高效率，增加收益；能帮助个人和企业以最短的时候获得更多的利润；能让每个人的生活更有效率、更快乐。此外，它还是企业降低服务成本，提升服务质量的关键。

刘松是一家教育集团的分公司经理，分公司成立一年多来形势虽然不错，但管理比较混乱。大家看上去都很忙，但忙不出结果。为了解决营运过程中效率不高的问题，他专门向董事长请教了一翻。

董事长给了刘松一张纸，要求他写下第二天要做的6件最重要的事。然后，董事长让他按照重要程度把这6件事排列清楚。做完这一切，又让他把纸放进口袋，明天一早第一件事就是把纸条拿出来做第一项工作，直到完成为止，然后用同样的方法对待第二项、第三项，直到下班。董事长还让他在分公司推广这个办法。几个星期后，刘松到集团总部来汇报工作，他高兴地对董事长说，分公司现在的状况好极了。三年后，这个分公司以独立法人的形式成功上市。

毋庸置疑，正确的行为势必创造惊人的价值，就像刘松一样，当他分不清楚事情的主次，如同有人经常说起的那样，眉毛胡子一把抓的时候，他的工作肯定是一片混乱，效率低下，连带整个分公司的运转都不太顺畅，后果往往是：决策不能得到很好的执行，信息交流不畅，沟通出现障碍。当他运用适当的管理方法，将工作重心放在最重要的事上后，在没有增加成本的条件下(人员没变,时间没有延长)却作出了比以前更为优秀的业绩。

时间管理是现代人必备的一项工作技能,是提高个人工作效率、赢得老板青睐的最有效的武器。一个人要想赢得老板的赞赏,要想获得比别人多的成就,必须学会有效利用时间。成功的职业人士,往往是那种能够有效利用每一分钟、珍惜每一分钟的人,他们使每一分钟都具有价值。这样的人是高效率的人,也是当今社会中老板所器重的人。

美国麻省理工学院对 3000 名经理做了调查研究,结果发现凡是成绩优异的经理都可以非常合理地利用时间,让时间消耗降到最低限度。

一位美国的保险人员自创了“1 分钟守则”,他要求客户给予一分钟的时间,让他介绍自己的工作服务项目。1 分钟一到,他自动停止自己的话题,谢谢对方给予他 1 分钟的时间。由于他遵守自己的“1 分钟守则”,所以在一天的时间经营中,付出和业绩成正比。

“1 分钟时间到了,我说完了。”信守 1 分钟,既保住了自己的尊严,也没有减少别人对自己的兴趣,而且还让对方珍惜他这 1 分钟的服务。

另有一家公司为了提高开会的质量,老板买了一个闹钟,开会时每个人只准发言 6 分钟,这个措施不但使开会有效率,也让员工分外珍惜开会的时间,把握发言的时间。

有效利用时间,还要善于挤时间。一位优秀的经理在介绍自己的成功经验时说:“时间是挤出来的,你不去挤它就不会出来。时间赋予每个人都是 24 小时,你不善于挤,就会跟许多平庸的职场人士一样,忙忙碌碌却只是庸庸碌碌地度过一生。”

作为生存于职场中的你,要让自己获得别人无法比拟的竞争优势,要成为老板眼中的优秀员工,就要做好个人的时间管理,要做到不仅能够利用每一分钟的价值,还要善于找出隐藏的时间,并加以有效利用,做到不浪费每一分钟。

时间就是一切,时间就是金钱,所以学会时间管理,让你的时间更有效率，就可以用更少时间做更多的事。从而更轻松更快地接近成功。

4 要事为先，重要的事情要先做

遍布全美的都市服务公司创始人亨利·杜赫提说过，“人有两种能力是千金难求的无价之宝：一是思考能力；二是分清事情的轻重缓急，并妥当处理的能力。”把精力集中在最重要的事情上，是很多成功人士所奉行的重要原则，也是我们高效完成工作的重要前提。

白手起家的查理德·洛曼经过12年的努力后，被提升为派索公司的总裁，年薪10万，另有上百万的其他收入。查理德·洛曼说：“我每天早晨5点起床，因为这一时刻我的思考力最好。我计划当天要做的事，并按事情的轻重缓急做好安排。”

弗兰克·贝格特是全美最成功的保险推销员之一，每天早晨不到5点钟，便把当天要做的事安排好了——在前一个晚上预备的——他定下每天要完成的保险数额，如果没有完成，便加到第二天的数额中，以后依此推算。

高效能人士经常在工作中忙于要事，他们能分清事情的主次，知道哪些事是需要做的，哪些事是不需要做的，哪些事关照一下就行，哪些事放弃……从而在最重要的事情上付诸充足的时间和精力。

德利恒钢铁公司的总裁施瓦普向效率专家艾维·李请教“如何更高效地做事”的方法。艾维·李声称可以在10分钟内就给施瓦普一样东西，这样东西能把公司的业绩提高50%。

艾维·李递给施瓦普一张白纸，说：“请在这张纸上写出明天要做的6件最重要的事。”施瓦普用了5分钟写完。艾维·李望了一下施瓦普先生，接着说：“现在用数字标明每件事情对于你和你公司的重要性次序。”这又花了5分钟。

艾维·李说:“把这张纸放进口袋,明天早上第一件事是把纸条拿出来,做第一项最重要的。不要看其他的,只是第一项。着手办第一件事,直至完成为止。然后用同样的方法对待第二项、第三项……直到你下班为止。如果只做完第一件事,不要紧,你总是在做最重要的事情。”

艾维·李最后说:“每一天都要这样做。你刚才看见了,只用10分钟时间。你对这种方法的价值深信不疑后,让你公司的人也这样做。这个试验你爱做多久就做多久,然后给我寄支票来,你认为值多少就给我多少。”

一个月后,施瓦普给艾维·李寄去了一张5万美元的支票,还有一封信,信中写到,那是他一生中最有价值的一课。

5年之后,这个原本不为人知的小钢铁厂一跃成为世界上最大的独立钢铁厂。对此,施瓦普心里最清楚,艾维·李提出的方法功不可没。

艾维·李提出的办法同样适用于我们的日常工作。要掌握正确的工作方法,提高工作效率,需要坚持要事第一,分清事务的轻重缓急,将主要精力集中在最重要的事情上。

当你善于抓住点点滴滴时间进行工作的时候,你应懂得,凡事都有轻重缓急,重要性最高的事情,应该优先处理,这样才能提高工作效率。大多数重大目标无法达成的主因,就是因为你把大多数时间都花在次要的事情上。所以,你必须学会根据自己的核心价值,排定日常工作的优先顺序,然后坚守这个原则,并把这些事项安排到自己的例行工作中。

第一,急迫而重要的,非尽快完成不可的。如方案的制订。

第二,重要但不急迫的。虽然没有设定期限,但早点完成,可以减轻工作负担,增加工作表现。如工作的长远规划。

第三,急迫而不重要的。

第四,既不急迫又不重要的。如“鸡毛蒜皮”的小事。

我们可以按照上述分类，将重要且紧迫的事情定为A类，将重要但不紧迫的事情定为B类，将紧迫但不重要的事情定为C类，将既不紧迫又不重要的事情定为D类。在实际工作中，我们应该先做重要的事，即A类事情，这类事情做得越多，我们的工作效率就越高。

“分清轻重缓急，设计优先顺序”，是时间管理的精髓。成功人士都是以分清主次的办法来统筹时间的，把时间用在最具有“生产力”的地方。

我们在工作中遇到的事情，有的非常重要，有的可做也可不做。如果我们分不清事情的轻重缓急，把精力分散在微不足道的事情上，那么重要的工作就很难完成。要事第一的原则，要求我们优先做好重要且紧迫的事情，以最大化地提高工作效率。

5 赢在方法，巧干胜于蛮干

勤奋工作是做好工作的途径之一，但很多时候，我们勤奋努力、辛苦忙碌，却并没有获得我们想要的结果，反倒是那些看似并不怎么努力的人却有着令人羡慕的业绩。这其中的秘诀，正在于方法。

好的方法是获得高绩效和取得突出业绩的捷径。“巧干胜于蛮干，聪明胜于拼命”，勤奋未必成功，就因为有时候勤奋就是没有聪明有效。

惠普前首席知识官高建华曾深有感触地说：“惠普这样的跨国公司不提倡员工们整天努力拼命地工作，而是提倡员工们聪明地工作，希望员工们能在工作中能开动脑筋，想出更好的办法去解决问题、完成工作，从而提高工作质量和效率。”

有一位知名的物理学教授睡到半夜醒来，发现自己的实验室里依然灯火通明。他来到实验室里，看到自己的一名学生正在实验台前忙碌着。

教授关心地问道：“怎么这么晚还没休息？你现在做实验，

白天都做了些什么呢?”

学生回答:“我白天也在做实验啊。”

教授稍微停顿了一下,说:“勤奋固然很好,但令我好奇的是,你把所有的时间都花在做实验上,有思考的时间吗?”

这位自以为好学不倦的学生,用了所有的心力在实验上,却忽略了思考才是学习的根本,实验的目的只是帮助思考而已,结果本末倒置。埋头苦干、积极投入的态度固然是好的,然而不懂得如何拿捏,盲目透支精力却是不必要的。

成功者往往会在行动之前深思熟虑,然后再去努力工作。在工作中,不要只知道去做事情,还要经常坐下来想一想。如果你不能让出些时间去思考、制订计划、安排优先顺序,你的工作就会变得非常辛苦,同时你也很难享受到聪明地工作所带来的收益。

聪明地工作意味着你要学会动脑,用巧干代替埋头苦干。如果你一味地忙碌以至于没有时间来思考,那是得不到事半功倍之效的。事实证明,要获得高绩效,就要明白“巧干胜于蛮干”的道理,并在工作中以之为指导原则。

某煤矿的一处山洞正要进行爆破,一切准备就绪后,却发生了意外:一只受惊的小鹿慌不择路地跑进了装满炸药的山洞。

这让爆破人员大惊失色,一方面,他们担心小鹿趴在炸药上,影响爆破的精准度,另一方面,也担心小鹿将雷管的引线踩断。爆破的任务非常紧迫,必须尽快将小鹿弄出山洞。

大家纷纷出主意,有的说进去把小鹿捉出来,有的说干脆将小鹿杀死算了……

很显然,这些都不是最好的方法。

这时候,一位工程师冷静地分析了小鹿跑进去的原因:洞里比较凉爽。“那么,如果山洞里比外面还要热,小鹿是不是就会出来呢?”

的确有道理，于是大家赶紧搬来一个暖风机，开始向洞里吹送暖风。十几分钟后，小鹿出现在了洞口外。大家迅速将洞口堵上，小鹿得救了，爆破也非常成功。

巧干胜于蛮干。这位工程师真是深得巧干三昧的人，用一个小办法就将问题以最理想的方式解决了。

在工作中，我们是否问过自己：我们是在蛮干还是在巧干？我只是在拼命地工作，还是在聪明地工作？事实上，仅有拼命还不够，我们更需要聪明地工作，创造性地工作！

曾经有人远赴国外，向一位服装设计大师请教如何设计出独具一格的服装款式。

设计大师提出两个观点：其一，设计的衣服其实都是没有全部完成的，把其余的创作空间留给穿衣服的人去完成；其二，选择布料时，会请厂商提供纺织、印染失败的布料，从这些“残次”作品中寻找泉涌般的创作灵感，设计出最具独创性的作品。

这样一来，顾客才能穿出自己的风格，并使得同一件衣服在不同人身上显示出不同的效果。而且，以这样的概念设计出来的衣服，也不容易失败。

正是因为这两个观点，这位大师所设计的服装总是独一无二的，并能够引领世界潮流。

“拼命干不如聪明干，肯干更要巧干”。要卖力地工作，更要聪明地工作。这个道理也许大家都懂，但付出实际行动的人不多。不少人认为，在工作量与成功之间存在着一种直接的联系，即一个人所投入的人力、物力和精力越多，获得的成功就越多。然而，拼命地工作不一定能如预期那样给自己带来成功，收获想象中的成就感。只有用聪明地工作代替拼命地工作，能干、肯干又懂得巧干的员工，才能既多一些时间享受生活，又获得更佳的业绩。

6 化繁为简,简单更能出效益

美国通用电气前CEO杰克·韦尔奇有一句名言:"管理效率出自简单。"简单式管理已成为很多企业奉行的管理模式。同时,简化工作也成了人们提高工作效率的重要方法。

有人善于把复杂的事物简明化,办事又快又好,效率高;而有的人却把简单的事情复杂化,迷惑于复杂纷繁的现象,使复杂的事物更为复杂,结果只能陷入其中走不出来,工作忙乱被动,办事效率极低。这两种类型的人,其工作效率之所以不同,原因就在于会不会运用化繁为简的工作方法和艺术。

巴黎一家现代杂志曾刊登过一个有趣的竞答题目:"如果有一天卢浮宫突然起了大火,而当时的条件只允许从宫内众多艺术珍品中抢救出一件,请问:你会选择哪一件?"在数以万计的读者来信中,一位年轻画家的答案被认为是最好的:选择离门最近的那一件。

这个答案令人拍案叫绝,因为卢浮宫内的每一件收藏品都是举世无双的瑰宝,所以与其浪费时间选择,不如抓紧时间抢救一件。

简化工作是提升工作效率的重要方法,它可以帮助我们把握工作重点,集中精力做最重要或最紧急的工作。在高强度的工作条件下,我们如果不能理清思路,以复杂问题简单化的思想来开展工作,有针对性地解决重点问题,最初制订的各项目标就难以实现。

美国国家银行发展部的主管吉姆·沙利和约翰·哈里斯召集下属员工开会,会议的议题是"加强领导层、员工和客户之间的联络"。会议的最终目标是使美国国家银行成为世界上最大的银行之一。

为期两天的会议结束之际，墙上挂满了草案、图表和灵光闪现的新主意。总结的时刻到了，约翰拿着记录本站了起来。“我们要说的就是这些，”约翰举着记录本说，“简单就是力量。”他在白板上写下这几个红色大字后，结束了自己的总结。

约翰抓住了提升工作效率的一个关键，无论做什么事情，我们都应当树立这样一个信念：简单就是力量。简化问题是解决问题的一个重要途径。

曾任苹果电脑公司总裁的约翰·斯卡利说过，“未来属于简单思考的人”。如何在复杂多变的环境中采取简单有效的手段和措施去解决问题，是每一位企业管理者和员工都必须认真思考的问题。

美国威斯门豪斯电器公司董事长唐纳德·C.伯纳姆在《时间管理》中提出自己提高效率的一项重要原则：在做每一件事情时，应该问自己三个“能不能”：

“能不能取消它？”

“能不能把它与别的事情合并起来做？”

“能不能用更简便的方法来取代它？”

在这三个原则的指导下，善于利用时间的人能把复杂的事情简明化，办事效率有很大提高，不至于迷惑于复杂纷繁的现象，处于被动忙乱的局面。无论在工作中，还是在生活中，为了提高效率，必须放弃不必要或者不太重要的部分，并且把重要的事情进行有序化。

简化问题是我们简化工作的重要原则。正确地组织安排自己的活动，意味着要准确地计算和支配时间。只要你尽力坚持按计划利用好自己的时间，进行分析总结，并采取相应的改进措施，你就一定能使工作效率得以大幅度提高。

无论我们做什么事，最简单的方法就是最好的方法。冗繁是效率管理的大敌，要出色、高效地完成自己的工作，我们应当学会把握事物的重点，做到把事情化繁为简。

某报社曾经举办过一项高额奖金的有奖征答活动。

题目是：在一个充气不足的热气球上，载着三位科学家。

第一位是环保专家，他的研究可以拯救无数人，使人们免于因环境污染而面临死亡的厄运。

第二位是核专家，他有能力防止全球性的核战争，使地球免于遭受灭亡的绝境。

第三位是粮食专家，他能在不毛之地，运用专业知识成功地种植食物，使几千万人脱离饥荒的命运。

此刻，热气球即将坠毁，必须丢出一个人以减轻载重，使其余两个人得以存活。请问，该丢下哪一位科学家？

问题见报后，很多热心的读者纷纷把自己的答案投给报社。回答大多集中在讨论哪一位科学家的重要程度上，有人说环保重要，有人说核重要，有人说粮食重要。为此，各方支持者争吵不休。

结果出来了，众多的回答都与大奖无缘。最终，一个小男孩答对了问题，中了大奖。小男孩的答案再简单不过了："丢下那个最胖的人！"

在做任何事情的时候，千万不要把事情过于复杂化，太多的顾虑会让我们走弯路，事情的结果也会和我们的希望不一致。做自己力所能及的事情，是简单有效的选择。在工作中，订立切实可行的计划，认真做好身边的每件事情，你的工作就是有效率的。要避免为了追求高目标，不从实际出发，人为地陷入无休止的繁冗之中。记住苏格拉底的话："任何问题最可能的解决办法是步骤最少的办法。"

7 日事日清，今日事今日毕

日事日清，今日事今日毕，这是每一个优秀员工应该养成的一个良好的工作习惯。对于一名优秀员工来说，最好制订自己每日的工作时间进度表，记下事情，定下期限，每天都有目标，每天都有结果，日事日清，日清日新。海尔公司的“日日清”目标管理法是日事日清法的一个典型代表。

海尔在实践中建立起一个每人、每天对自己所从事的工作进行清理、检查的“日日清”控制系统。案头文件，急办的、缓办的、一般性材料摆放，都是有条有理、井然有序；临下班的时候，椅子都放得整整齐齐的。

“日日清”系统包括两个方面：一是“日事日毕”，即对当天发生的各种问题（异常现象），在当天弄清原因，分清责任，及时采取措施进行处理，防止问题积累，保证目标得以实现，如工人使用的“3E”卡，就是用来记录每个人每天对每件事的日清过程和结果；二是“日清日高”，即对工作中的薄弱环节不断改善、不断提高，要求职工“坚持每天提高1%”，70天工作水平就可以提高一倍。

对海尔的客服人员来说，客户对任何员工提出的任何要求，无论是大事，还是“鸡毛蒜皮”的小事，工作责任人必须在客户提出的当天给予答复，与客户就工作细节协商一致。然后毫不走样地按照协商的具体要求办理，办好后必须及时反馈给客户。如果遇到客户抱怨、投诉时，需要在第一时间加以解决，自己不能解决时要及时汇报。

歌德曾经说过，“把握住现在的瞬间，把你想要完成的事情或理想，从现在开始做起，只有勇敢的人身上才会富有天分、能力和魅力。因此，只要做下去就好,在做的历程当中,你的心态就会越来越成熟。能够有开始的话,那么,不久之后你的工作就可以顺利完成了”。

凡是留待明天处理的态度就是拖延和犹豫,这不但阻碍事业的进步,也会加重生活的压力。犹豫和拖延的习惯能损害和减少人们做事的能力,因此你应该做到今天的事情今天完成,坚决不让今天的事情“过夜”,否则你可能无法做大事,也不可能成功。所以应该经常抱着“必须把握今天去做完它,一点也不可懒惰”的想法去努力才行。

作为一名优秀的员工,任何时候都不要自作聪明,期望工作的完成期限会按照你的计划而后延。优秀的员工都会谨记工作期限,并清楚地知道,在所有老板的心目中,最理想的任务完成方式是:不要让今天的事“过夜”,今天的事今天完成。

大发明家爱迪生就是一个善于把握今天的人。有人问爱迪生,是否同意“为科学休假十年”。他回答说:“科学是永无一日休息的,在已过的亿万多年间,它于每分钟都工作,并且还要如此继续工作下去。”如果在金钱上计较一分一厘的个人得失,那么治学者则是在时间上计较一分一秒的事业得失。古今中外不少有成就的科学家,爱惜时间,不让一日闲过的精神,真是到了“发疯”的程度。无论发生了什么事,也不能使他们闲过一日。

爱迪生在1871年圣诞节结婚那天,刚举行完结婚典礼,他突然想出了个解决当时还没实验成功的自动电机问题症结的点了,便悄声对新娘玛丽说:“亲爱的,我有点要紧的事到厂里去一趟,待会儿准时回来陪你吃饭。”新娘一听,心里不太乐意,一看他那紧张样儿,只得无可奈何地把头点了点。他这一去,到晚上也不见影儿。直到半夜时分,有人去找,见厂里点着灯,隐隐约约有人影晃动,进去一看,看见爱迪生在那儿聚精会神地干活儿,不禁脱口喊出来:“哎呀,新郎先生,原来躲在这儿,你让我们找得好苦啊!”爱迪生大梦初醒,忙问:“什么时间啦?”“都到12

点啦!”爱迪生大吃一惊,急忙往楼下奔去,一路跑,一路说:“糟糕!糟糕!我还要陪玛丽吃饭呢!”对于不让一日闲过的爱迪生来说,结婚这一天也不肯放过。爱迪生活了85岁,仅在美国国家专利局登记过的就有1328项科学发明,平均每15天就有一项发明。

当然,我们并不可能像爱迪生那样把自己每天的时间都放在工作上,而是说我们应树立起“今日事今日毕”的观念,充分重视今天的价值。工作时善于为事情设定“最后期限”,当天的事必须当天完成,用时间给自己压力,才能更好地完成。所以对于一名高效能人士来说,最好制订自己每日的工作时间进度表,记下事情,定下期限,每天都有目标,每天都有结果,日事日清,才能日事日新。

卡耐基先生青年时期曾经做了一首“今日歌”,时常贴在自己盥洗室里镜子的旁边,激励自己尽可能完成当天的工作。

就在今天,我要开始做这件事!

就在今天,我要完成这件事!

就在今天,我要克服掉自己的某个缺点!

就在今天,我要让自己的身心健康!

就在今天,我要让人喜欢!

就在今天,我要给别人带来幸福!

就在今天,我要成功!

就在今天,我要活得很精彩!

我只有今天!

抓住今天,其实就抓住了所有的一切!所以,今天的事一定要在今天做完,日事日清,才能效率更高,提升更快,成功更近。

8　劳逸结合，效率更高

在工作节奏加快的今天，企业与员工都需要一剂良药，这就是松弛。松弛，就是让工作负担不超过员工的负荷能力，让员工拥有喘息的空间，以此提高工作效率！

很讲究效率的美国建筑师们上班从来都是从容不迫，有条不紊，工作强度小，基本上每个人都不会被同时安排两个以上的项目。但是，他们在高标准的要求下，任何工作的细致深入程度，据说都是其他任何国家的建筑师所做不到的，这体现了一种真正的高效率——从容的高效率！

"忙！"这是当今许多职场中人的一句口头禅和真实写照。但是，如果问忙什么，或者问忙是为了什么，大多数人都会茫然地摇头。

在茫然中，人们失去了从容。曾有这样一出外国讽刺剧，一个人为了节约时间，及时上班，不但早餐在车上解决，而且穿裤子、刷牙都在车上解决。他左手拿着漱口杯，右手拿着三明治，拿着一条裤子就一头冲进了车。随即又从车的门缝里探出一只手，抓走了家门口的一块砖头。

一路上，他先把鞋脱了，赤着双脚，右脚踩油门，同时给左脚穿袜子，然后又用左脚踩油门，给右脚穿上袜子。他穿裤子的动作更是滑稽。只见他把砖头往油门上一按(正赶上下坡)，砖借人力，他趁机迅速把裤子提到腰上。下一步就是刷牙，只见他把前窗刷窗剂的管子一拔，里面早已储好的水立刻就喷射了出来，他张开的大嘴正好接住。音乐响起，破车就随着音乐的节奏越开越顺。然而此时，车祸发生了！

"手忙脚乱"这是我们形容忙乱的一个成语，可以用到这位先生身上，却是再恰当不过了。很显然，在这样的慌急火忙的状态下，不可避免地会发生车祸。狼吞虎咽必将令人消化不良，急于求成往往是欲速则不达，手忙脚乱其实是什么事也不能做成。真正高效率的人，不仅事情做得快，而且做得好。追求徒有外表的效率，草草了结并不能够结束的工作，结果只会是返工。所以，如果更耐心更细致些，我们的事就会做得更快。

我们会因为“忙”而必须面对工作疲劳的问题。紧张的职业生涯犹如不间断的百米跨栏，当挑战一个一个摆在面前，起初我们也许可以轻松跨过，但随着路程的不断加长，栏高的不断增加，再强有力的人也会遇到一个自己无法突破的极限。这其实是身体在提醒你：该休息了。

当你在电脑旁坐久了，头脑纷乱时，应该平静下来让头脑清醒。如果你工作繁琐情绪又紧张时，要懂得把工作暂停一下以便使你的情绪恢复镇定轻松。要讲究方法并且有效率的工作，不能认为整天忙忙碌碌就是有成绩，工作紧张但要条理清楚、收效显著才称得上有效率。所以，在我们工作时要学会自我调节，劳逸结合。

我们努力工作创造事业固然重要，但不可过分劳累过度，否则你的弦绷得太紧就有可能断裂的危险。一个人的情绪必须做适当的安排与调剂，既不可以饱食，也不可整日无所事事、过分疏懒，也不可日夜不停，机械般的做个不停。不会休息的人就不会工作。那种处于昏昏然工作状态的人辛苦固然可叹，可其成效却不见得明显，甚至适得其反。

劳逸结合，比疲劳工作效率更高。这就好比是旋转的陀螺一样，鞭子抽得太快太急，往往会让它们马上倒一地，反倒是不疾不慢地抽打，能让陀螺转得更优美、更从容、更长久和更有效率。

第六章　关注细节　见微知著

——认真细致做自己的工作，不管别人说什么

细节决定成败，小事左右大局。要做好自己的工作，一定要关注细节，注重小事，不要在意别人说什么“差不多就行了”、“小错误没关系”类似的话，而应抱着认认真真，把细节做细，把小事做好的态度，见微知著，见端知末，沉心静气地把每一件小事做好做到位，不粗心不马虎，不心浮气躁，不浅尝辄止，就一定能把自己的工作做到最好。

1 细节决定成败，小处不可大意

“泰山不拒细壤，故能成其高；江海不择细流，故能就其深。”所以，大礼不辞小让，细节决定成败。所以，要做好自己的工作，一定要关注细节，注重小事，而不要在意别人说什么“小事没关系”、“差不多就行”这样的话。

一个重视细节，将小事做细、做好的员工，无论在哪家公司工作，都会得到老板的赏识。在中国，想做大事的人很多，但愿意把小事做细的人很少。我们不缺少雄韬伟略的战略家，缺少的是精益求精的执行者；决不缺少各类管理规章制度，缺少的是对规章条款不折不扣的执行。要做好工作就必须改变心浮气躁、浅尝辄止的毛病，提倡注重细节、把小事做细、把小事做好、不放过任何一个细节才行。

在任何一家企业中，都有只想做大事的员工，他们觉得只有做大事才能体现出自己的能力，才会使自己显得风光无限。具体到一项计划，他们总是想做那些显得重要与表面上风光的事情，因此对待一些小事与细节，往往会马马虎虎，敷衍了事。

实际上，一项计划是由许多分工不同的环节组成的，而任何一个环节又都是由很多琐碎细节共同组成的。执行一项计划，只有处理这些环节，做好每环节中的细节，才会获得好的绩效。

反之，要是不重视细节，不注重做好每一项细小的工作，就很容易出现漏洞，从而影响到整个计划。

在一次探月行动中，美国的飞船已到达月球却无法着陆，最终以失败告终。之后，科学家在查找原因时发现，原来是一节价值30美元的电池出现了问题。在起飞前，工程人员在检查时着重检查了每一个“关键部位”，却忽略了这个小细节。结果，就是因为一节30美元的电池,数十亿美元的投资都打了水漂,科学家们的心血也都白白浪费了。

实际上,无视细节或不将小事当回事,就是对工作不负责任。每一个具有高度责任心的人,都会将小事看得与大事同等重要,认真对待工作中的每一个细节,努力将小事做好,因而他们也更容易取得成功。

曾就读于哈佛大学机械制造系的高才生史蒂芬,非常希望能进入维斯卡亚公司工作。

20世纪80年代,维斯卡亚公司是美国最著名的机械制造商,它的产品销往世界各地,并代表着当时重型机械制造业的最高水平。很多人毕业之后到这家企业求职都遭到了拒绝,原因非常简单,这家企业的技术人员已经饱和了,根本不再需要任何技术人才。不过,该公司提供的优厚待遇与令人艳羡的工作职位依旧诱惑着那些有志的求职者,史蒂芬对其也憧憬已久。

最终,史蒂芬进了该企业,但他做的并不是技术人员,而是到车间内打扫废铁屑。但是他并未轻视这项工作,而且乐意接受了这种既简单又辛苦的工作。他不仅将铁屑打扫得十分干净,而且还利用清洁工到处走动的特点,细心观察了整个企业中每个部门的生产情况,并且一一做了详细的记录,发现了一些技术性问题,于是仔细研究解决的方法。

维斯卡亚公司在20世纪90年代初时被退回了很多订单,都是因为产品质量出现了问题,为此企业遭受了巨大的损失。于是,公司董事会召开紧急会议,商讨对策,在会议进行了很长时间后仍没有任何眉目时,史蒂芬突然闯进了会议室,要求见总裁。

史蒂芬在会议上将出现这个问题的原因做了让人信服的分析,并就工程技术上的问题提出了自己的观点,接着拿出了自己对产品改造的设计图。他提供的设计很先进,也保留了原来机械的优点，同时解决了已经出现的弊病。

当总裁和董事会的各位董事看到这个尽职尽责的清洁工这么精明懂行时，都好奇地询问他的背景。结果，史蒂芬当即被提升为负责企业生产技术方面的副总裁。

一个重视细节，能够将小事做细、做好的员工，无论到哪家公司工作，都会得到老板的赏识。因为只有重视每一个工作细节，计划的执行才会落到实处，才会得到预期的效果。而如果一个人不能把小事做好，不愿意关注细节问题，缺乏应有的责任感，那么他就不会成为一名出色的员工，而这样的员工，是永远不会受到企业欢迎的。

2 见微知著，越是小事越需要用心

成功者的共同特点，就是能做小事情，不放过任何小事，越是小事越是用心，做好每一个细节。他们有着认真严谨的工作作风，知道每一件小事的重要，每一件小事都必须用心去做，这样才能见微知著，见端知末。

一滴水可以折射出整个太阳的光辉，一件小事就可以看出一个人的工作态度。是不是在小事上用心，是不是对待小事像对待大事一样地认真仔细、周到负责，可以把优秀和平庸区分得清清楚楚。

一家公司正在招聘员工。来了不少应聘的人，看起来一个个精明干练。面试的人一个个进去又一个个出来，大家看起来都是胸有成竹。面试只有一道题，就是谈谈你对责任的理解。对于这样的一个问题，很多都认为简单得不能再简单。

然而结果却出人意料，一个人都没有被录取。难道这家企业成心不想招人？

“其实，我们也很遗憾，我们很欣赏各位的才华，你们对问题的分析也是层层深入，语言简洁畅达，令各位考官非常满意。但是,我们这次考试不是一道题,而是两道,遗憾的是,另外一道你们都没有回答。”经理说。

大家哗然:“还有一道题?”

“对,还有一道,你们看到了躺在门边的那个笤帚了吗?有人从上面跨过去,有的甚至往旁边踢了一下,但却没有一个人把它扶起来。

“没有对小事的关心和对细节关注的精神,怎么可以干好大事担当重任呢?”经理最后说。

是的,小中可以见大,窥一斑可以见全豹,最细微的小事折射的往往是一个人的态度和作风。要知道,在我们工作中的许多事情都是小事,如果你没有对小事的敏感,又如何能干好平凡的工作呢?

越是小事越不可大意,越是细节越需要下工夫。这是失败者的教训,也是成功者的经验。

当宝洁公司刚开始推出汰渍洗衣粉时,市场占有率和销售额以惊人的速度向上飙升,但是,过了不久,这种强劲的增长势头就逐渐放缓了。宝洁公司的销售人员特别纳闷,虽然进行过大量的市场调查,但一直都找不到销量停滞不前的原因。

于是,宝洁公司召开了一次产品座谈会,会上,有一位员工说出了汰渍洗衣粉销量下滑的关键:“汰渍洗衣粉的用量太大。”

宝洁公司的领导们急忙追问其中的缘由,这位员工说:“看看我们的广告,倒洗衣粉要倒那么长时间,衣服是洗得干净,但要用那么多洗衣粉,算计起来很不划算。”

听到这翻话,销售经理立即把广告经理找来,算了一下展示产品部分中倒洗衣粉的时间,一共3秒钟;而其他品牌的洗衣粉广告中倒洗衣粉的时间仅仅1.5秒。

就是在广告上这么细小的一点疏忽,对汰渍洗衣粉的销售和品牌形象造成了严重的伤害。之后,汰渍又花了很大工夫来弥补这个小小的失误带来的大大的后果。

而世界著名大饭店希尔顿之所以享誉全球,却全因为它对细节的完美追求。

希尔顿饭店的创始人康·尼·希尔顿就是一个在"细节"上追求完美的人。他要求他的员工:"大家牢记,千万不要把忧愁摆在脸上!无论饭店本身有何等的困难,大家都必须从这件小事做起,让自己的脸上永远充满微笑。这样,才会受到顾客的青睐!"正是这小小的要求,让希尔顿饭店享誉全球。

一家企业的副总布迪特曾入住过希尔顿饭店。那天早上刚一打开门,走廊尽头站着的服务员就走过来向布迪特先生问好。让布迪特先生奇怪的并不是服务员的礼貌举动,而是服务员竟然喊出了自己的名字,因为在布迪特先生多年的出差生涯中,在其他饭店住宿时从没有服务员能叫出客人的名字。

原来,希尔顿饭店要求楼层服务员要时刻记住自己所服务的每个房间客人的名字,以便提供更细致周到的服务。当布迪特坐电梯到一楼的时候,一楼的服务员同样也能够叫出他的名字,这让布迪特先生非常纳闷。服务员于是解释:"因为上面有电话过来,说您下来了。"

吃早餐的时候,饭店服务员送来了一个点心。布迪特问:"这道菜中间红的是什么?"服务员看了一眼,然后后退一步做了回答。布迪特又问旁边那个黑黑的是什么。服务员上前看了一眼,随即又后退一步作答。布迪特询问服务员为什么每次都要后退一步。服务员回答说是为了避免自己的唾沫落到客人的早点上。

在对待工作时,细致是万万不可缺少的。只有将细节、小节、小事做到极致,才算做好了自己的本职工作。也才真正明白了细节的重要。

学会在细节上下工夫,才能把握事情的关键,有助于事业的成功。

3 找到细节中的魔鬼,重视细节中的问题

"魔鬼在细节。"这句话是20世纪世界最伟大的建筑师之一密斯·凡·德罗总结他成功经验时的高度概括。他强调的是,不管你的建筑设计方案如何恢宏大气,如果对细节的把握不到位,就不能称之为一件好作品。细节的准确、生动可以成就一件伟大的作品,细节的疏忽也会毁坏一个宏伟的规划。成也细节,败也细节,魔鬼藏在细节里,天使也藏在细节里。

一次,一支登山队准备攀登一座雪山,专家提醒,别忘了多带几根钢针。因为在高寒的雪山上,燃气炉的喷嘴极易被冰雪堵塞,需用钢针疏通。负责准备工作的一位队员没有听从专家的忠告,认为有一根针就够了,不就是扎一下吗?结果只带了一根针。遗憾的是,问题恰恰出在这根小小的钢针上。那根钢针在通眼儿时不幸折断,燃气炉无法使用,致使全体队员断炊,陷入绝境。

一位勇士长途跋涉攀登一座高峰,恶劣的气候,陡峭的山壁,难耐的孤寂,疲惫和饥寒都没有阻挡他攀登高峰的步伐。不知道什么时候鞋里掉进了一粒沙子,可是在勇士眼里,它实在是太微不足道了,勇士觉得自己没有理由为一粒沙子耽误时间,继续前行。后来他发现沙子越来越磨脚,并伴随着钻心的疼痛,他只得停下清除沙子。然而,为时已晚,他的脚已经破皮、红肿,沙子清除后,伤口又感染了……最后,除了放弃,他别无选择。

这都是细节中的魔鬼在作祟。沙子虽小,不能像巨石般挡道,甚至把人绊上一脚也不可能,但在登山途中却成了勇士无法战胜的"高峰"。同样,在安全问题中,每一个岗位、每一个流程都有可能成为管理中的沙子,如果我们看不到其中潜藏的危机,不能及时将其取出,事故就不可避免。

“细节”向我们递来打开成功之门金钥匙的同时，也无时无刻不在窥探着我们每一个哪怕是最细小的失察与疏忽。人性中的许多弱点，都是“细节”这个“魔鬼”赖以生存和逞凶的温床，像生性懒散、侥幸心理、不负责任、不良习惯等，如果不加以克服，往往就会成事不足败事有余。

某企业负责人陪同外商考察工厂的投资环境，厂长不经意间随地吐了一口痰，致使谈判就此中断。事后这位厂长还不解："就为这点小事儿吗？"

某贸易公司在签订出口合同时，在总金额无变的情况下，误将货物数量多打了一个“0”，使企业了蒙受巨大损失……

细节是大海里的一滴水，从一滴水中可以看出整个大海的风浪；细节是鞋里的一粒细砂，不经意间会毁掉你所有攀爬的成绩；细节就是你不经意间吐出的这一口痰，一不小心让你功亏一篑。

魔鬼就藏在细节里。每一次对于细节的处理，都算得上是一次与魔鬼的较量，睁大眼睛找出了魔鬼，我们就赢了，胜利和成功就属于我们，反之，如果我们没有找到它或是忽略了它，它就会溜出来给我们狠狠的甚至是致命的打击。下面这桩可以用“诡异”来形容的“连环杀人事件”为细节中的魔鬼作了最好的注脚。

事情发生在前些年某家市级儿童医院，一名护士利用值夜班时间，用盐水瓶灌了一瓶酒精藏于桌下角落，而下班时又忘记带走，适逢第二天大扫除，第二名护士发现桌下一瓶液体顺手放到桌上，第三名护士直接把其归放治疗台，而第四名护士似乎顺理成章地给病人输入，就这样一条幼小生命消失了……当公安机关的拘留证摆在她们面前时，她们都觉得自己并没有什么大错，谁都觉得自己犯的错不足以去承担这份沉重的责任，第一名护士说：“我只不过想拿瓶酒精回家，谁能想到竟会酿成这样的大错！”第二名护士说：“我只不过把一瓶液体放在桌上，谁又能想到它竟然成为输液的液体！”第三名护士说：“我只不过在履行我的职责，把物品归类放置，这难道也有错吗?”第四名护士说:“我更冤了，我怎么会想到那竟然是一瓶酒精呢?”那试问，如果其中的一个护士严格执行了护理操作规程，做好了“三查七对”，如果每一个护士多那么一点细心和疑问，这样的事情还会发生吗? 现在谁来给这年轻的生命一个逝去的理由? 谁来给他的亲人一个交代?

不仅是医疗事故，在很多事故中我们都能看到魔鬼在细节中闪现的身影，都能发现魔鬼对我们忽略细节的冲动惩罚，任何细小的疏漏都有可能带来损失和灾难。

一家服装厂的一名业务员为单位订购一批羊皮，在合同中写道:“每张大于4平方尺、有疤痕的不要。”需要注意的是，其中的顿号本应是句号。结果供货商钻了空子，发来的羊皮都是小于4平方尺的，使订货者哑巴吃黄连，有苦说不出，损失惨重。

旧金山一位员工给一个萨克拉门托的老板发电报报价:“一万吨大麦，每吨90美元。价格高不高? 买不买?”萨克拉门托的老板本来是说“不。太高”，可是电报里，却漏了一个句号，成了“不太高”。结果这一下就使他损失了几十万美元。

如果他们在工作中能注重细节，发现细节中的魔鬼，并消灭这些魔鬼，这样的损失还会发生吗?

魔鬼就藏在细节里，我们要做的，就是关注细节，发现并消灭细节中的魔鬼，解决细节中的一切问题，让自己比过去做得更好，比别人做得更好。

4 工作的每一个环节都要做得细致入微

工作中的任何一件小事、任何一个细节都是不容忽视的。只有工作中的任何一个环节都真正的落实到位，整个工作才可以顺利地进行。所以，作为一名员工，无论你负责工作的哪一个环节，都必须密切注意细节工作的落实情况，千万不可对细节掉以轻心。

成立于1763年的巴林银行集团曾是英国伦敦城内历史最悠久、名声最显赫的商业银行集团。在它最鼎盛的时期，巴林银行集团甚至可以与英国整个银行体系相匹敌。由于它在世界金融史上的特殊地位，巴林银行集团被称为“金融市场上的金字塔”。但是，就是这样一家银行集团，最后却毁在了一个叫做尼可·里森的职员手里。

1992年，里森在新加坡担任期货交易员。为了减少总部的工作量，伦敦总部要求里森设立一个“错误账户”，用于记录并自行处理新加坡支行的一些较小的错误。于是里森设立了一个中国文化认为非常吉利的88888错误账户。但在几周之后，伦敦总部又要求所有的支行统一使用原来的99905错误账户来与伦敦总部联系。可里森没有及时销掉这个新设立的88888错误账户，而就是这个被忽略的88888账户，日后改写了巴林银行的历史。

1992年7月17日，里森手下一名交易员金姆·王，在处理客户的日经指数期货合约时，错误地将“买进”的指令当作了“卖出”的指令，就这样，银行损失了2万英镑。当晚，银行进行清算时，里森发现了这个重大失误。但他没有及时地向总部汇报，反而决定利用“88888”错误账户来掩盖失误。几天后，由于日经指数的上升，银行的损失上升到了6万英镑。可里森依然决定继续隐瞒这笔损失。此后，所有类似的失误都被他记入了88888账户，于是，账户里的数额就像滚雪球一样越来越大。

为了弥补手下员工的失误，急于想挽回损失的里森一开始只是蓄意隐瞒，之后铤而走险。而他的举动竟然导致了巴林银行最终的倒闭。一个银行区级职员一个错误举动就可以令一家世界级银行毁灭，这还不足以说明工作中的任何一个环节都不容忽视的道理吗？

工作是一个过程，并不是一下子就可以做好的，需要我们用心、用力，更好注重每一个环节都做好、做完美才行。如果不把每一个工作环节都做到细致入微，就不能按规定的质量标准完成工作任务，对于一些看似细小的环节视而不见，马虎应付，把细枝末节都忽略掉，以为这样能加快进度，其实质却是影响了质量，降低了效率。

上海地铁一号线是由德国人设计的，看上去并没有什么特别的地方，直到中国设计师设计的二号线投入运营，人们才发现其中有那么多的细节被二号线忽略了。结果，二号线的运营成本远远高于一号线。

上海地处华东，一到夏天雨水经常会使一些建筑物受困。德国设计师注意到了这一细节，所以地铁一号线的每一个室外出口都设计了三级台阶，要进入地铁口，必须踏上三级台阶，然后再往下进入地铁站。就是这三级台阶，在下雨天可以阻挡雨水倒灌，从而减轻地铁的防洪压力。事实上，一号线内的防汛设施几乎没有动用过，而地铁二号线就因为缺了这几级台阶，曾在大雨天被淹，造成了巨大的经济损失。

德国设计师根据地形、地势，在每一个地铁出口处都设计了一个转弯，这样做不是增加出入口的麻烦吗？不是增加了施工成本吗？当二号线地铁投入使用后，人们才发现这一转弯的奥秘。其实道理很简单，如果你家里开着空调，同时又开着门窗，你一定会心疼你每月多付的电费。想想看，一条地铁增加转弯出口，省下了多少电，每天又省下了多少运营成本？

难道说中国设计师没有德国人聪明？其实未必，关键在于长期养成的对待工作的认真和精细。德国人常常显得严肃、认真，甚至刻板，可就是凭着这种一丝不苟、认真执行、不打折的工作精神，德国在第二次世界大战后迅速成为世界经济强国。

“这是小事一桩，无关紧要”，“不要吹毛求疵”、“这些鸡毛蒜皮的小事，不值得一提”，“工作做完就好，不用太过用心”等这样的语句，都反映出了有些员工对于工作的漠视和对于细节的忽视。事实上，只有从小事做起，把每一件小事做好了，才能成就大事。

“大事干不成，小事做不好”，这句话就是对不注重细节、不愿意把小事做好的人最客观的评价和最有力的批评。一个成功的员工是不会忽视任何一个细节的，实现个人理想也好，完成工作任务也好，追求卓越也好，取得进步也好，都得不折不扣地在细节上下工夫，把每一个细节都做到细致入微才行。

5 用做大事的心态来做每一件小事

演员们经常说一句话：“没有小角色，只有小演员。”哪怕是再小的角色，只要演员用心演，就会赢得观众的认可。在工作中也是一样，没有小事情，只有小员工，无论面对什么样的工作，都要用做大事的心态认真对待。只有把小事做好，并积累做大事的经验，最终才能把大事做好。

在工作中，总有人觉得自己的工作微不足道，做好做坏都不会有什么关系，所以在工作中总有满不在乎的情绪，认为自己这一点工作没有做好无所谓，不会对公司造成太大的影响。其实，只有仔细想想，任何惊天动地的大事都是由一件件小事构成的。可能你认为你所做的只是无关紧要的工作，但是纵观全局呢？这些大事的成功不正是靠一件件小事的成功铸造的吗？

晓辉是汽车修理厂的一名工人，刚进修理厂的第一天，经理就告诉他，每次修完一辆车，一定要把工具清洗干净，为下次使用做准备，脏的工具，自己看了也不舒服。晓辉想这么小的一件事,自己肯定会做到的。

两个月过去了,经理来检查晓辉的工具。发现上面的污垢已经好几层。晓辉不好意思地说:“每次洗很麻烦。反正下次还要用。”经理沉默了一会儿说:“看一名修理工的工作好坏,不用去现场看他的工作,只看工具大概就知道了。小事最能折射出一个人的工作态度,连清洗工具这样的小事都做不好,那修理工作一定也大打折扣。只有用做大事的心态做小事,才会认真把事情做好。”

听了经理的话,晓辉羞愧地低下头。从那以后,晓辉的工具总是清洗得最干净的,加之他工作态度好、技术高超,有很多客人点名要他修理自己的汽车。

不久之后,晓辉升为这个班组的组长。

所有的成功者,每天都和我们一样做着微不足道的小事,结果却大相径庭。是因为成功者从不认为自己所做的事是小事,他们始终认为,现在所做的“小事”也能体现自己的能力,锻炼自己意志力,所以会用做大事的心态做这些“小事”。他们这是在为以后的成功铺路,他们目光所及之处,是辽阔无边的沃野,是浩瀚无边的大海,而在常人眼中,现在所从事的工作,只是毫无生机的枯草和茫茫无际的沙漠。这就是区别。

成功并非偶然,没有谁能“随随便便成功”,也没有什么结果是没有原因的。重视小事、关注细节,对小事情的处理方式,从另一个角度昭示了成功者之所以成功的重要原因。

在接到一项任务时,对其中的各种细节都不要产生轻视的心理,你要把它看成一件重要的大事。只有这样,你才会真正重视它,并开动脑筋,发挥潜力做好它。实际上,要做到这一点并不容易,你需要时时提醒自己:别看它不起眼、非常简单,但对整项任务能否顺利完成却起着至关重要的作用。只有做好它,我们才能高质量地完成任务。

工作时一定要认真、细心,不要以为是平凡的小事,就敷衍了事地应付。你应该像做重要的事一样认真对待，细心、扎实地处理好每一个细节和环节，一丝不苟地去完成它。这样，你就能借助"平凡小事"的力量推进工作进度，做出不平凡的业绩。

其实工作之中无小事，试问有哪一件工作是可以忽略可以马虎，可以不去做的小事呢？不要小看小事，不要讨厌小事。只要有益于自己的事业，不管做什么事情，我们都应该全力以赴。"勿以善小而不为，勿以恶小而为之"，做不好小事的人，也难成大事。用心去做每一件小事，以做大事的心境和态度来认真对待每一件小事，才是一个员工从普通走向卓越的必由之路。

6 追求完美，把最细微的工作做到最好

水温升到99℃，还不是开水，其价值有限。若再添一把火，在99℃的基础上再升高1℃，就会使水沸腾，并产生大量水蒸气来开动机器，从而获得巨大的经济效益。一百件事情，如果九十九件做好了，一件事情未做好，而这一件事就有可能影响到整个事物。追求完美，就是坚决不要百分之九十九，而要把每一件事都做到百分之百。

事情不分大小，都应尽善尽美，做到完美无缺为止，否则还不如不做。追求尽善尽美，就是要求人们无论做任何事情，都要竭尽全力，以求得完美无缺的结果。它可以作为每个人一生的格言。

要把细节做到完美，与各个方面都有关系，它是一个复杂的系统工程，但其中最为关键的当然还是身处第一线的每一位员工。员工能否把细节做到完美与员工素质的高低，知识的多少，技能的生熟，责任心的程度以及勇气、勤奋、热情、忠诚、是不是足够细心等都有关系。

有位医学院的教授，在上课的第一天对他的学生说："当医生，最要紧的就是胆大心细！"说完，便将一只手指伸进桌子上一

只盛满尿液的杯子里，接着再把手指放进自己的嘴中。随后，教授将那只杯子递给学生，让这些学生照着他的做法来做。看到每个学生都忍着呕吐，像教授一样把手指探入杯中，然后再塞进嘴里。教授微笑着说："哈哈，不错，不错，你们每个人都够胆大的。只可惜你们不够心细，观察得不够清楚，没有发现我探入尿杯的是食指，放进嘴里的却是中指！"

注意观察，把握细节，认真细致地对待工作，才能保证我们把事情做到最好。

细节决定成败，要想把细节做到完美，每一位员工都必须牢固树立"细节决定成败"的观念，坚决克服"螺丝少紧一扣不碍事、垫片少上一个没问题、作业简化一步不算啥"的错误思想和行为。只要立足岗位，从小事做起，从自我做起，从现在做起，关注细节，尽职尽责，严格遵守规章制度，规范自己的每一个动作，认真负责、一丝不苟地把每一件细节、每一道工序、每一个环节做细、做好、做到位，做到完美，就一定可以保证我们最后的成功。

7　认真就要一丝不苟、一心一意

认真，就是做任何事情都严谨细致，一丝不苟，一心一意，不懈怠。无论大事小事，要想做得成，莫不需要认真。成功的人都是认真的人，成功的人工作起来总是把认真放在第一位，总是把认真当成自己工作的座右铭。因为只有认真，才能把事情做好。

认真是一种伟大的力量。世界上任何成就，无一不是靠认真努力地去做才获得。对待工作中的任何事情，特别是那些繁琐的小事，更是需要我们认真的态度来对待。

传说西方有一位哲人，每当他听到人们夸奖一个青年天赋优异时，哲人就会问:“这个小伙子认真工作吗？他是否勤奋？是否认认真真地对待自己的人生?”在他看来,不认真的人谈不上什么天赋,不认真的人更不可能有什么好前途。如果一个人具有认真的品质,那才是上天给他的最好礼物。因为任何一个人具有了认真的品质,都会在自己的工作领域有所成就,自己的人生都会严谨而精彩。

1862年,德国哥丁根大学医学院的亨尔教授迎来了他的新学生。在对新生进行过面试和笔试后,亨尔教授脸上露出了笑容——这届学生中的很大一部分人,是他教学生涯中碰到的最聪明的苗子。但他很快又心情沉重起来。

开学不久的一天,亨尔教授忽然把自己多年积累下的论文手稿全部搬到教室里,分给学生们,让他们重新仔细工整地誊写一遍。

但是,当学生们打开亨尔教授的论文手稿时,发现这些手稿已经非常工整了。几乎所有的学生都认为根本没有重抄一遍的必要,做这种没有价值而又繁冗枯燥的工作,是在浪费自己的青春。有这些时间,还不如发挥自己的聪明才智去搞研究。

他们都去实验室里搞研究去了。只有一个学生坐在教室里,一个字一个字地抄写教授的论文手稿,他叫科赫。

一个学期以后,科赫把抄好的手稿送到了亨尔教授的办公室。发现科赫满脸疑问,一向和蔼的教授忽然严肃地对他说:“我向你表示崇高的敬意,孩子！我们从事医学研究的人,不光需要聪明的头脑和勤奋的精神,更为重要的是一定要具备一种一丝不苟的精神。年轻人往往急于求成,而轻易忽略细节。要知道,医学上走错一步,就是人命关天的大事！这些手稿,既是学习医学知识的机会,也是一种修炼心性的过程。”

这番话深深触动了科赫年轻的心灵。在此后的学习和工作中,科赫一直保持严谨认真的学习心态和研究作风。这种做事态度让他在人类历史上首次发现了结核菌、霍乱菌。1905年，鉴于在细菌研究方面的卓越成就，瑞典皇家学会将诺贝尔生理学与医学奖授予了科赫。

一个认真的人必定做事精益求精，想办法做到最好。这样的人都有一种敢于进取、不怕艰难的品质，一种一丝不苟、一心一意的态度，因而他们总能在自己的工作中做出令人瞩目的成绩来。罗国洲就是这样一位因为认真而成功的普通工人。

重庆煤炭集团永荣电厂的罗国洲，就是这样一位在自己的平凡岗位上认认真真、一丝不苟、扎实工作并最终做出了大名堂的新时代工人的榜样。

罗国洲在煤炭公司已经干了30年，从烧锅炉到司炉长、班长、大班长，一直是普普通通的锅炉工人，但他对工作始终认认真真，从来没有因为工作平凡岗位普通而轻视或是马虎过。他的认真精神让他把普通的锅炉工作做“神”了。

罗国洲有一副听漏的“神耳”，只要围着锅炉转上一圈，就能从炉内的风声、水声、燃烧声和其他声音中，准确地听出锅炉受热面是哪个部位管子有泄漏声；往表盘前一坐就能在各种参数的细微变化中，准确判断出哪个部位有泄漏点。

除了找漏，罗国洲还练就了一手锅炉点火、锅炉燃烧调整的绝活。在用火、压火、配风、启停等多方面，他都有独到见解。锅炉飞灰回燃不畅，他提出技术改造和加强投运管理建议，实施后使飞灰含碳量平均降低到8%以下，锅炉热效率提高了4%，为企业年节约32万元。针对锅炉传统运行除灰方式存在的问题，罗国洲提出“恒料层”运行，经实施，解决了负荷大起大落问题，使标煤耗下降0.4克/千瓦时，年节约200多万元。他已经成为国内远近闻名的“锅炉点火大王”和锅炉“找漏高手”；成为全国劳动模范、获得了全国五一劳动奖章，让他感受到了一名工人技师的荣耀和自豪。

可见，只要你抱着对工作认真负责的态度，一丝不苟地对待工作，不管是多么平凡多么不起眼的工作，也一样可以做出非凡的成绩来，一样可以找到荣耀和自豪！

凡事就怕“认真”二字。如果你对工作认真，工作就会给你回报。

8　认真就要坚决与“差不多”为敌

认真是什么？说白了就是严肃对待，不马虎，不草率。认真就是坚决与“马虎”和“差不多”为敌，而绝不与他们为伍。

“马虎”和“差不多”是认真的大敌，更是把工作做好的大敌。因而一个认真的员工，一个想要在工作上取得成就的员工，不自觉主动地与“马虎”、“差不多”斗争是坚决不行的。因为“马虎”和“差不多”着实害人。

马鞍山钢铁厂向上海A厂订购一批设备，A厂填写合同的人，是一位“差不多先生”，他居然漏掉了一个“马”字，把马鞍山写成了“鞍山”。本应发往安徽的货物，却发往了辽宁。南辕北辙，A厂只得赔偿一切损失。

一家电扇工厂，接到外国一批订货单，不料电扇到了目的地却被退了货。厂长十分纳闷，这些电扇质检完全合格呀！国外买主回信道：“我们的抽验方式不是个别单独看，而是挑出十台电扇，把零件拆散再重新组装。你们的许多零件都差一点点儿……”就因为“差一点点儿”，厂家的损失可谓大矣。

王某也是一个“差不多先生”，他帮“同事”向朋友借钱三万元人民币。在打借条的时候，本应由“同事”亲自动手着笔，而王某却越俎代庖。借条上虽然署的是“同事”的名字，但字却是王某写的。谁知“同事”耍无赖，不承认自己借过钱，最后法院判处

王某还钱，这位“差不多”的王先生这回是“哑巴吃黄莲”，再苦也没法说了，只能吞下这一肚子苦水。

所以，办事一定要认认真真，不能马马虎虎，不能敷衍塞责。否则，那“差不多”的差，会大大地误事害人。

仔细看看你的周围，是不是有很多“差不多先生”和“马虎大王”？他们虽然长相不同，但都有个共同的心态：“凡事差不多就行，何必斤斤计较。”胡适先生曾经作文讽刺，称“差不多先生”是中国人的代表。鲁迅先生更一针见血地指出：“中国四万万民众害着一种毛病。病源就是那随它怎么都行的不认真的态度。”

在企业中，许多人做事时常有“差不多就行”的心态，对于上司或是客户提出的要求，即使是合理的，也会觉得对方吹毛求疵而心生不满。这是因为这些人并没有把不起眼的错误当回事，或是压根儿不认为事情的结果跟自己有什么关系，所以产生了得过且过的心态。这种不认真的态度对于企业、对于自己都是极为不利的。

事事只求“差不多”，最终的结果必然“差很多”，失之毫厘，往往是谬之千里。只有“认真”是“马虎”和“差不多”格格不入的宿敌，只有“认真”高举着反对“马虎”和“差不多”的大旗，当然也只有“认真”才是“马虎”和“差不多”必败无疑的克星。所以，要把事情做到尽善尽美，要把工作做得有模有样，要让人生过得了无遗憾。就要永远地抛弃“马虎”和“差不多”的态度，养成严格要求自己、做事到位的习惯，每一个步骤、每一个环节、每一个细节都做到精益求精，每一件工作、每一个岗位都追求尽善尽美，这才是认真的态度，追求成功的态度。

第七章　热情上进　专注执著

——专心致志做好自己的工作，不管别人说什么

热情是工作的灵魂。拥有了热情就拥有了活力和自信，就能激发出无尽的潜能，让你雄心万丈、豪气冲天，活力四射，干劲十足。执著于自己的目标，专注于自己的工作，专心致志把自己的工作做好，就不会管别人说什么。

1　热忱是工作的灵魂

热忱这个字眼，源自希腊语，意思是“受了神的启示”。

成功学大师卡耐基认为，“对工作热忱的人，具有无穷的力量”。威廉·费尔波，耶鲁大学最著名而且最受欢迎的教授之一，他在那本极富启示性的《工作的兴奋》中，写道：“对我来说，教书凌驾于一切技术或职业之上。如果有热忱这回事，这就是热忱了。我爱好教书，正如画家爱好绘画，歌手爱好歌唱，诗人爱好写诗一样。每天起床之前，我就兴奋地想着有关学生的事……人在一生中所以能够成功，最重要的因素就是对自己每天的工作抱着热忱的态度。”

企业的老板，也喜欢雇用富有工作热情的员工。亨利·福特说过：“我喜欢具有热忱的人。他热忱，就会使顾客热忱起来，于是生意就做成了。”“十分钱连锁商店”的创办人查尔斯·华尔渥兹也说过：“对工作毫无热忱的人就会到处碰壁。”查尔斯·史考伯则说：“对任何事都热忱的人，做任何事都会成功。”

爱默生说过：“有史以来，没有任何一项伟大的事业不是因为热忱而成功的。”事实上，这不是一段单纯而美丽的话语，而是迈向事业成功之路的指针。

雅丝·兰黛是许多年来一直盘踞《财富》与《福布斯》等杂志富商榜首的传奇人物。这位当代“化妆品工业皇后”白手起家，凭着自己的聪颖和对工作和事业的高度热情，成为世界著名的市场推销专才。由她一手创办的雅丝·兰黛化妆品公司，首创了卖化妆品赠礼品的推销方法，使得公司脱颖而出，走在了同行的前列。她之所以能创造出如此辉煌的事业，不是靠世袭，而是靠自己对待工作和事业的激情态度得来的。在80岁前，她每天都能斗志昂扬、精神抖擞地工作10多个小时，其对工作的态度和旺盛的精力实在令人惊讶。今天的兰黛名义上已经退休了，实际上，她照例会每天穿着职业服装，精神抖擞地周旋于名门贵户之间，替自己的公司做无形的宣传。

对工作热忱，是一切希望成功的人，像杰出的艺术家、销售人员、图书馆的管理员，以及各行各业的人员必须具备的条件。

凡是具有必需的才气，有着可能实现的目标，并且具有极大热忱的人，做任何事都会有所收获，不论在物质上或精神上都是一样。

热忱，是一种神奇的精神物质，发自于内心，又深入内心。如果你对什么事是有了热忱，你就会兴奋，你的心中就会燃起希望的火焰，你的兴奋从你的面孔、脸颊、眼睛，甚至是你的灵魂、躯体中辐射出来，感染和鼓舞看周围的每一个人，让大家都能从这种热忱中吸取前进的力量，传递希望的火焰。

热忱是个性的原动力。没有它，你拥有的任何能力都无从发挥。可以毫不夸张地说，人人身上都有许多尚未被发掘的潜力。即使你有学问，有正确的判断力，有严密的推理能力，有惊人的综合力，你也要全身心地投入到思考和行动之中。热忱就是将内心热烈的感觉表现到外部来，让工作吸引你的注意力，让生活鼓励你的生命。热忱是你做任何事情的灵魂。如果失却了热忱，你将对所有的一切都失去兴趣，你将一事无成。

塞缪尔·斯迈尔斯的办公桌上挂了一块牌子，他家的镜子上也挂了同样一块牌子，巧的是麦克阿瑟在南太平洋指挥盟军的时候，办公室墙上也挂着一块牌子，上面都写着同样的座右铭：

你有信仰就年轻；
疑惑就年老；
有自信就年轻；
畏惧就年老；

有希望就年轻；
绝望就年老；
岁月使你皮肤起皱，
但失去了热忱，
就损伤了灵魂。

这是对热忱最好的赞美词。热忱是可以战胜一切的强大的力量。在热忱面前，岁月、畏惧、困难甚至绝望都不值一提，都会心甘情愿地向热忱臣服，向热忱低头。

热忱更是可以驱动一切的神奇力量。没有热忱，军队就不能打胜战，雕塑就不会栩栩如生，音乐就难以优美动人，诗歌就不能打动人心。热忱可以驱使我们拔剑而起，为自由而战，热忱也可以让哥白尼为了自己的信仰慷慨赴死；热忱也可以让莎士比亚废寝忘食地记下他灿烂的思想……热忱可以让我们把枯燥乏味的工作做得妙趣横生，热忱让我们把微不足道的事做得轰轰烈烈，终成大器……热忱是思想的根源，是行动的灵魂，热忱可以创造一切！

2　拥有热情就能创造奇迹

热情可以创造奇迹。热情有着无法抵御的魅力和锐不可当的威力。历史上有许多依靠个人热情改变现实的事迹。

拿破仑在第一次远征意大利的行动中，只用了15天时间就打了6场胜仗，缴获了21面军旗，55门大炮，俘虏15000人，并占领了皮德蒙德。在拿破仑这次辉煌的胜利之后，一位奥地利将领愤愤地说："这个年轻的指挥官对战争艺术简直一窍不通，用兵完全不合兵法，他什么都做得出来。"

拿破仑发动一场战役只需要两周的准备时间，换成别人可能需要一年。这种差别正是因为他有着无与伦比的热情，还有他的那些根本不知道失败为何物的满腔热情地跟随着他的那些士兵，从一个胜利走向另一个胜利，让战败的奥地利人目瞪口呆。

人是很奇妙的，每个人内心都有热情，能感受强烈的情绪，这种内心的情感却正是驱动我们奋发进取、走向卓越、影响别人、成就自己的关键因素。凭借热情，我们可以释放出潜在的巨大能量，补充身体的潜力，培养出一种坚强的个性；凭借热情，我们可以把枯燥无味的工作变得生动有趣，使自己充满活力，培养自己对事业的狂热追求；凭借热情，我们更可以获得领导的提拔和重用，赢得宝贵的成长和发展的机会；凭借热情，我们可以感染周围的同事，让他们理解你、支持你，拥有良好的人际关系；凭借热情，可以使原本平凡的你变得卓尔不群，让人过目难忘。

有三个人做了一个小游戏：同时在纸片上把他们曾经见过的性格最好的朋友的名字写下来，还要解释为什么选这个人。

结果公布后，第一个人解释了他为什么会选择他所写下的那个人："每次他走进房间，给人的感觉都是容光焕发，好像生活又焕然一新，他热情活泼，乐观开朗，总是非常振奋人心。"

第二个人也解释了他的理由："他不管在什么场合，做什么事情，都是尽其所能、全力以赴。"

第三个人说："他对一切事情都尽心尽力。"

这三个人是美国几家大刊物的记者，他们见多识广，几乎踏遍了世界的每一个角落，结交过各种各样的朋友。他们互相看了对方纸片上的名字之后，发现他们竟然不约而同地写上了澳大利亚墨尔本一位著名律师的名字，因为这个律师拥有无与伦比的热情，这种热情感染了他们每一个人，也让这位律师取得了事业的极大成功。

有句谚语是这么说的，"湿柴点不着火"。缺乏热情，不是工作的问题,而是你的"易燃指数"不够让热情的火燃烧起来。点燃你心中对工作的热情之火,不但会使你的事业之火越烧越旺,也会使你的工作效率成倍提高,你的生活从此不同。

美国有线电视新闻网著名脱口秀主持人拉里·金,出生于纽约的布鲁克林区,10 岁时父亲因心脏病去世,从此靠着公众救济,金长大成人。

他曾经写了一本有关沟通秘诀的书,书名叫《如何随时随地和任何人聊天》。书里提到他第一次担任电台主播时的经历,他说那天如果有人碰巧听到他主持节目时,一定会认为这个节目完蛋了。

那天是星期一,上午 8 时 30 分他走进了电台,心情紧张得不得了,于是不断地喝咖啡和开水来润嗓子。

节目开始时,他先播放了一段音乐,就在音乐播完,准备开口说话时,喉咙却像是被人割断似的,居然一点声音也发不出来。

这时,老板突然走了进来,对着满脸丧气的拉里·金说:"你要记得,这是个沟通的事业!"

听到老板这么提醒,他再次努力地靠近麦克风,并尽全力地开始他的第一次广播:"早安!这是我第一天上电台,我一直希望能上电台……我已经练习了一个星期……15 分钟前他们给了我一个新的名字,刚刚我已经播放了主题音乐……但是,现在的我却口干舌燥,非常紧张。"

终于能开口说话的他,似乎信心也唤回来了,这天,他终于实现了梦想,也成功地完成了梦想!

那就是他广播生涯的开始,从此以后,他不再紧张了,因为第一次广播经验告诉他只要能说出心里的话,人们就会感到你的真诚。

身为著名主播，拉里·金的经验是，“谈话时必须注入感情，表现你的热情，让人们能够真正地分享你的真实感受”。他在书中一直告诉我们，“投入你的感情，表现你对生活的热情，然后，你就会得到你想要的回报”。

热情可以创造奇迹。伽利略因为对宇宙满腔热情才举起了他的望远镜，才让我们领略了宇宙太空的神秘和美丽；哥伦布因为对大海和探险的满腔热情，才克服了难以想象的艰难险阻，带我们一起感受了巴哈马群岛清新的晨曦；也是凭借着满腔的热情，弥尔顿、莎士比亚才在纸上写下了他们不朽的诗篇。

工作其实就像一座煤山，热情就是火种。用热情去点燃这个煤山，工作就会燃烧起来，并释放出巨大的能量。热情的态度是做任何事的必要条件。任何人只要具备了这个条件，就能获得成功。拥有了热情，才有可能创造出奇迹。

3 点燃工作的激情之火

激情是什么？激情是心灵之火，点燃了我们生活和工作的活力之灯，让我们热情地拥抱生命，开创未来。激情是心中的神，让我们光芒四射，生机勃勃，让我们活力无穷，坚强有力；激情是一种意识状态，它调动我们全身的每一个细胞，鼓舞和激励我们去采取行动；激情是一种可以融化一切的力量，是一种不断鞭策和激励我们向前奋进的动力；激情是一种持久不变的爱心，恰当的自爱，自我接受和由此延伸出的其他的爱，对别人、对生活、对工作、对世间的万事万物和我们身边的一切。

人在有激情和没有激情的情况下，做事效率是完全不一样的。有激情的人有 90％的能力，却能焕发出 100％的热情，达到 120％的办事效率。卡内基就把激情称为“内心的神”，他说：“一个人的成功因素很多，这些因素之首就是激情。没有它,无论你有什么样的能力,都发挥不出来。”当你点燃对工作的激情之火,当你满怀激情地工作时,你的人生将大放光彩。

老李是一家出版社的员工,身兼多职:秘书、驾驶员、后勤、采购、总务等;他工作非常勤奋,且有一种近乎狂热的热忱。他的工作要求简单,只要能满足其他部门的需要就可以了。但老李却千方百计地想着怎样多为单位做贡献、节省开支,他兢兢业业地工作,为领导出谋划策,这些成绩是大家有目共睹的。他在工作上的刻苦努力博得了同事和领导的一致赏识,使他在50岁时成了这家出版社的副社长。

对于职业人而言,当你正确地认识了自身价值和能力以及社会责任时,当你对自己的工作有兴趣,感到个人潜力得到发挥时,你就会产生一种肯定性的情感和积极的态度,把自觉自愿承担的种种义务看做是“应该做的”,并产生一种巨大的精神动力,这就是激情。在激情的引导下,即使在各种条件比较差的情况下,也不会放松对自己的要求,相反,要积极主动地提高自己的各种能力,创造性地完成自己的工作,这就是你在释放自己的激情。

激情是一种伟大的力量。当心中的激情被点燃时,那种强烈而持久的燃烧的信念之光,会让我们奋勇前行,永远坚守,不过目标永不罢休,最终收获到丰硕的果实。

威尔斯对于“费马大定理”就有着异乎寻常的激情。那种感觉就是非常喜欢,非常激动,因为有了这个东西,才足以让他坚持这么多年而不放弃。

他写作大都在晚上进行。有一天晚上,他工作了一整夜,因为太专注,觉得一夜只有一个小时,一眨眼就过去了。第二天,他又继续工作了一天一夜,除了其间停下来吃点清淡食物外,未曾停下来休息。如果不是对工作充满激情,他不可能连续工作一天两夜而丝毫不觉得疲倦。

威尔斯的坚守程度让很多人钦佩，正如他所说，自己的脑子是“一根筋”类型的，很少有像自己这样的人。他的一位同事在《纽约时报》说，每一千个数学家中才有一个能看懂威尔斯的研究成果。然而普林斯顿大学的教授们指出，他的研究成果并非来自他的大脑，而是他的坚守。从某种意义上来讲，是永远保持对工作的激情造就了威尔斯的成功。

点燃工作的激情，即便是最乏味的事情，也会变得富有生趣，全身都会洋溢着勃勃的生机，充满了力量；而没有工作的激情，做起事来就不会付出最大的精力，也就不会把工作做到最好。遇到困难，第一反应就是逃避，而不是积极地面对困难，充满激情地解决每一道难题。所以要做好工作，重要的是要点燃心中的激情。当激情燃烧时，心中自会产生源源不断的动力，让你不畏艰苦，不达目标誓不罢休。

杰妮是一名广告策划，一向自信的她在认真挑选了一家公司作为自己的发展基地时遇到了一个苛求的老板。每次她把策划方案交到老板手里，低眉顺眼地询问到底欠缺在哪里时，老板都会很直接地告诉她：“我也不知道到底哪儿不好，但我就是觉得不够完美，总之你还要继续，要不就重来。”每当她递交方案从老板的办公室里走出来时，心情就跌落到了谷底。几经周折，杰妮终于对工作完全没有了激情，如果再继续下去，她最终要从这家待遇极佳的公司灰溜溜地走掉。可是，她不愿意，“逃，不是我的性格，我决定从下一个方案开始，我要挑战他，一定要让他说出‘好’字”！于是，她重新调整了状态，在接手了一个环卫广告的方案创意后，精心地准备了 3 套方案，在这 3 个侧重点不同、宣传风格迥异的方案中，杰妮把自己的视角调整成了一个挑剔者。几个通宵的不眠之夜过后，面对着提交的方案，老板还是摇头，但当杰妮说出最后的思路：把 3 份方案的亮点结合在一起时，老板的笑意也渐渐浮现了出来。

不要害怕这个世界的任何挑战,你的激情永远都是战胜世界的唯一有力武器。更不要畏惧激情,如果有人愿意以半怜悯半轻视的语调称你为“狂热分子”,那么就让他这么说吧,你大可不必理会。因为这些只会消磨你的激情,让你陷入消极和萎靡,让你失去斗志,丢掉信心,一败涂地!将你的激情释放出来,改变心态,积极应对,你必定会拥有自己的一片蓝天。

4 对工作投入100%的热情

热情对于一个职场人士来说,就如同生命一样重要。拿破仑·希尔博士说:“要想获得这个世界上的最大奖赏,你必须拥有过去最伟大的开拓者所拥有的、将梦想转化为现实的献身热情,以此来发展和销售自己的才能。”成功的人和失败的人在技术、能力和智慧等各方面的差别通常并不很大,但是就算两个人各方面条件都差不多,具有热情的人将更容易如愿以偿。因为从某种程度上说,热情比智慧更重要。

热情是点燃卓越的熊熊烈火。用百分之百的热情去做百分之一的事情,那么你一定可以在你的职业生涯中完美地起飞。

出生在中国台湾的美国雅虎创建人杨致远可称得上是新一代企业家的典型代表,他富有知识性,白手起家,有创造力,个性鲜明。杨致远在香港《财富》论坛上接受记者采访时说:“我认为我性格中最大的特点是热情和负责任。我认为一个企业家不仅要有目标去建立一个大公司,而且要永远有颗热忱的心去将这个目标变成现实。”

2001年5月,在《财富》全球论坛香港年会召开前夕,提前出版的第10期《财富》杂志评选出全球25位企业新星。《财富》全球未来企业明星评选的要求是:40岁以下,处于新兴产业,能够对未来的商业面貌产生影响。《财富》对候选人个人素质的要求也非常严格,他们在做过多次面试和调查后,确认候选人处于一种蓄势待发的状态,具有潜在的势能;确认他们是对未来有激情、有热情、有理想、有目标、能够影响别人的人。

杨致远入选。因为组委会的人一致认为他有热情、有理想、有目标,也能影响别的人。

热情是世界上最大的财富,热情燃烧时,梦想就会成真。

热情洋溢的工作态度对职场的影响是巨大的,没有一个人愿意与整天萎靡不振的人交往。同样,没有一个公司愿意招聘一个整天提不起精神的人,更没有一个老板愿意重用一个情绪低落、整日牢骚满腹的员工。和那些在工作上不太如意的人聊一聊,就不难发现他们牢骚满腹、怨天尤人、愤愤不平、寻找借口,这是他们性格上的缺陷。他们自毁前程、自食其果、无所作为,总是显得格格不入。他们不明白一个基本的职场原则:**奖赏只属于那些对工作有热情的人。**

对工作投入百分之百的热情,比对工作投入百分之百的智慧更有效率。因为有热情就能激发潜能,有热情就能全身心地投入,有热情就能干劲十足,精力充沛,有热情就能神情专注,有热情任何事都会变得轻而易举,热情让人更自信,热情让人更勤奋,热情让人激情勃发,青春永驻……有时候成功与其说取决于人的才能,不如说取决于人的热情。热情是做好工作的重要支撑,热情是走向成功的必不可少的动力之源。

只要你对工作投入了百分之百的热情,你一定会得到百分之百的回报。

5 永远保持对工作的激情

激情带来希望,激情成就梦想,激情让一切都变得与众不同。拥有了激情就拥有了坚定的信念、行动的动力，就拥有了成功的资本，这种激情可以让你勇往直前，纵横驰骋。

但是，像没有汽车加油站，汽车就不能跑长途一样，激情不加油，也不能维持长久。渴求成功的人其激情发自内心，起于梦想，所以这种激情不会轻易消退，它表现成为一种强大的精神力量，征服自身与环境，持久地散发出魔力，引导我们创造出日新月异的成绩，让我们在激烈的竞争中立于不败之地。

郑州三全食品公司掌门人陈泽民，50 岁时，依然激情万丈，想着创一番事业。一年冬天，他到哈尔滨出差，见当地人包饺子一次包很多，吃不完就放到户外冻着，于是他突发奇想：饺子能冻，汤圆也应该能冻，自己家做的汤圆冷冻起来拿到市场上卖，肯定会受欢迎。于是，他毅然辞去医院副院长的职务，决定做汤圆。3 个月后，从原料配方到制作工艺程序，从单个粒重到包装排列，从包装材料到包装设计，从营养、卫生到生产、搬运等，陈泽民拿出了整体的设计，做出了中国第一颗速冻汤圆，并先后申请了速冻汤圆生产发明专利和外形包装专利。

新产品有了，问题又出现了。如何让商家和客户接受呢？为了引导需求，每天一下班，50 岁的陈泽民就蹬着三轮车开始推销产品。他拉着燃气灶和锅碗瓢盆，到市内的副食品商店，现场煮给人家品尝。之后，他又一个人开着一辆花 4000 元买来的二手面包车，拉着冰箱、锅碗瓢盆、燃气灶，到全国各地现煮现尝地跑推销。凭着自己的激情，陈泽民成功了。如今，小小的汤圆已经为陈泽民带来了数以亿计的财富，更为中国开创了上百亿元的速冻食品市场。

激情是不断鞭策和激励我们向前奋进的动力，一个内心充满激情的人，他任何时候都会竭尽全力地去工作，无论遇到的问题多难解决，他都始终会以积极的态度去面对。

100多年前，英国前首相本杰明·迪斯雷利说："一个人只要跟随自己的内心激情采取行动，就可以获得伟大的成就。这种人不管身处何种环境，都会比普通人更容易获得成功。"陈泽民的成功就证明了这一点。所以，如果你要成为一名杰出员工，那么，就拿出你十二分的激情，并随时随地为激情加油，永远保持对工作的激情，让成功一直相随。

刚刚进入企业的员工，自觉工作经验缺乏。为了弥补不足，常常是上班早来下班晚走，斗志昂扬，就算是忙得没时间吃中饭，依然很开心，因为心中有激情，工作有挑战性，感受也是全新的。

这种工作时激情四射的状态，几乎每个人在初入职场时都经历过。可是，这份激情来自对工作的新鲜感，以及对工作中不可预见问题的征服感，一旦新鲜感消失，工作驾轻就熟，激情也往往随之湮灭。一切变得平平淡淡，昔日充满创意的想法消失了，每天的工作只是应付。既厌倦又无奈，不知道自己的方向在哪里，也不清楚究竟怎样才能找回曾经让自己心跳的激情。这是正常的，一件工作，一件事情做得久了，都会让人产生倦怠，这是人的弱点。这样的倦怠往往能毁掉我们辛辛苦苦建立起来的一切。

所以，聪明的员工还要学会调节，使自己能长期保持住对工作的激情，以利于长期的发展。对工作的新鲜感是保持工作激情的有效方法，可是这谈何容易，不管什么工作都有从开始接触到全面熟悉的过程。要想保持对工作恒久的新鲜感，首先，必须改变工作只是一种谋生手段的认识。把自己的事业、成功和目前的工作连接起来。其次，保持长久激情的秘诀，就是给自己不断树立新的目标，挖掘新鲜感；把曾经的梦想拣起来，找机会实现它；审视自己的工作，看看有哪些事情一直拖着没有处理，然后把它做完……在你解决了一个又一个问题后，自然就产生了一些小小的成就感，这种新鲜的感觉就是让激情每天都陪伴自己的最佳良药。

激情是成功路上不可或缺的关键元素，只要保持住自己对工作的激情，就能把成功进行到底。

6 专心致志,一心一意做好自己的工作

专注就是专心致志,一心一意,执著坚持,把所有的精力都集中于一点,不为任何事情干扰,不达目标不罢休的行为。

专注是优秀员工的优秀品质,是平庸和卓越的分水岭。没有专注,就不可能有成功。因为一个人如果不能专注于自己的工作,三心二意,三天打鱼两天晒网,东张西望,左顾右盼,怎么可能取得成就?

在一座深山中,有一个平和安乐的小村庄。有一天村庄来了一个奇特老人,他在众目睽睽之下,点燃了一把火,并且用一根棍子在碗里不停地搅拌,搅着搅着,竟然从碗中掉出金块来。

村的人十分惊讶,老人说这就是炼金术,只要把一些泥土和水在碗中搅一搅,再用火烧烧,就会炼出金子来。村中的长老请求老人告诉他们秘决。经不住村民一再的恳求,老人终于点头答应了。老人说:“不过在炼金的过程中,千万不可以想树上的猴子,否则就炼不出金块来。”

大家觉得很容易办到,等老人走了以后,由村长开始炼金,他告诉自己,不可想树上的猴子,可是越不想,偏偏猴子不断浮现在他的脑中。他只好交给另一个人,并一再叮咛不可想树上的猴子。

就这样,全村的人都试过了,却没有一人能炼出金子,因为树上的猴子,总是会从他们心中跑出来。

不能专心,就算金子就放在你面前的锅里,你也不可能将它捞起来。

要想达成我们心里的梦想,唯一的最好办法就是将我们全部身心都集中于这一点,才能事半功倍。

1979 年,15 岁的王文京走进江西财经大学校门的时候,对

自己的未来毫无预知。他不怎么喜欢自己的会计专业——那时候，是个生产队就有会计，会计不就是记账的吗？能有什么出息？

22年后，王文京创办的用友软件公司以创纪录的每股36.68元价格发行2500万股，上市第一天就冲高100元，握有用友55.2%股权王文京的身价也随之飙升了10倍，达到50亿元，成为“知识创造财富”经典故事里的标准主角。谈及自己的成功经验，王文京说道：

“一生只做一件事。专注，坚持，又赶上了好时代——就这么简单。”

可见，只要专心致志地坚持不懈地去认真做一件事，这件事一定会带给你成功的喜悦。很多天资不高的人之所以能够比聪明人的成就更大，因为他们掌握了认真专注这个秘密武器。再有能力的人如果把精力分散在很多工作中，他致力于每一件工作中的精力就会很少，这样当然很难把工作做好，其结果肯定远远不如那些能力不大但专注于一件工作的人。有很多看起来很聪明的人，忙忙碌碌地同时做很多事情，看起来他们能力很强。可是往往到最后，这些人并不能真正做成什么事。相反，看起来是“弱人”，也没什么才能，最后，往往能成就伟大的事业。其秘诀还是在于他们有着非凡的认真专注的工作精神，认清目标，集中全力，不彷徨，不迟疑，坚持到底。

太阳光怎样才能点燃一根火柴？答案很简单，用凸透镜把所有的光聚集在一点上就行了。一个人怎样才能创造奇迹？答案也很简单，把所有的精力都投入到自己的目标中去就行了。

曾经有人问爱迪生：“成功的首要要素是什么？”

爱迪生答道：“每个人整天都在做事。倘若你早上7点起床，晚上11点睡觉，你做是就整整做了16个小时。其中大部分人一定一直都在做一些事，不同的是，在于他们做很多很多的事，而我却只做一件。如果你们将这些时间运用在一件事情、一个方向上，一样会取得成功。”

爱迪生号称“发明大王”，一生做出了1000多项发明，涉及光、电、磁、机械、化学、生物等诸多方面，似乎更像一个“通才”。但他的“通”是建立在每段时间只专注于一项发明基础上的。如果他想一边研究电灯、一边研究蓄电池、一边研究留声机，那么最后他可能什么发明都搞不出来。

培养认真专注的工作精神至关重要。如果专注已经变成你的职业习惯的时候，你就会拥有更为强大的力量。这好比你手里握了一把神奇的利剑，在通往成功的路上，助你披荆斩棘，荡平万难，直达成功的巅峰。

一群蛤蟆在进行比赛，看谁先达到一座高塔的顶端。周围有一大群围观的蛤蟆在看热闹。

竞赛开始了，只听到围观者发出一片嘘声：“太难为它们了！它们是无法达到目的的。”

蛤蟆们开始泄气了，可是还有一些蛤蟆在奋力摸索着向上爬。

围观的蛤蟆继续喊着：“太艰苦了！你们不可能到达塔顶的！”

其他的蛤蟆都被说得泄了气停下来了，只有一只蛤蟆一如既往地继续前进，并且更加努力地向前。

比赛结束了，其他蛤蟆都半途而废，只有那只蛤蟆以坚强的毅力坚持了下来，竭尽全力到达了终点。

其他蛤蟆都很好奇，想知道为什么它就能够做到！一只蛤蟆走上前来，问它为什么能坚持到达终点。这时，蛤蟆们才发现它是一只聋蛤蟆。

这就是专注的力量。当我们不屈服于自己的意志，不受到别人的影响，专心致志一心向着目标前进时，就算我们的条件比别人差一些，我们也能先于别人取得成功，因为专注更能激发我们心中深藏的潜能，让我们超越平庸，取得成功，就像那只聋蛤蟆一样。

当然，要培养专注的工作精神，形成专注的习惯，并非轻而易举之事，特别最初几步是非常艰难的，你需要找准方向，然后小心翼翼地穿越心灵的原野，让正确的、通往目标最近的那条心灵路径一步一步向前延伸，一点一点变得开阔。

培养专心致志的工作精神，从现在开始，一心一意专注于自己的工作，认认真真做好每一件小事，成功一定就在不远处等着你。

7 心无旁骛，一次做好一件事

心无旁骛，每次只专注于一个目标比专注几个目标更容易成功。在这个竞争激烈的社会，身在职场中的每一个员工都需要有这种专注精神。许多人之所以成功，就是因为心无旁骛，专心致志地做好一件事。

有一位画家，举办过十几次个人画展。开始无论参观者多少，脸上总是挂着微笑。有一次，有人问他："你为什么每天都这么开心呢？"他给这个人讲了一件事情："小时后，我兴趣非常广泛，也很要强。画画、拉手风琴、游泳、打篮球，必须都争第一才行。这当然是不可能的。于是，我心灰意冷，学习成绩一落千丈。父亲知道后，找来一个漏斗和一捧玉米种子。让我双手放在漏斗下面接着，然后捡起一粒种子投到漏斗里面，种子便顺着漏斗滑到了我的手里。父亲投了十几次，我的手中也就有了十几粒种子。然后，父亲一次抓起满满的一把玉米粒放在漏斗里面，玉米粒相互挤着，竟一粒也没有掉下来。父亲对我说：'这个漏斗代表你，假如你每天都能做好一件事，每天你就会有一粒种子的收获和快乐。可是，当你想把所有的事情都挤到一起来做，反而连一粒种子也收获不到了。'”

专注是一种巨大的潜在内驱力，即使你是一个很平凡的人，但只要你有一种顽强的毅力，一种在任何情况下都有坚如磐石的决心，一种从不受任何诱惑、不偏离自己既定目标的能力，一种目标明确、不屈不挠、坚持到底、不达目的绝不罢休的恒心，你就一定能够获得巨大的成功。每一个人的时间、能力、精力都是很有限的，如果你想在各个方面都取得巨大的成功，那是不可能的，在这个世界上再也没有比把自己宝贵的精力分散到许多无所谓的事情上更糟糕的了。

一个人的精力是有限的，是不可能将所有的事情都做完的。只有当你专注于最重要的事，你才能更有效地使用你的精力，完成一件事后再开始做下一件事，才能提高效率。在工作中不是每一件事都同等重要，我们在用有限的精力去面对多件事情时，就要学会从中选出最重要、最需要马上处理的事情，专注地把它做好。千万不要眉毛胡子一把抓，这是最没有效率的一种办事方法。

有一次，一个青年苦恼地对昆虫学家法布尔说：“我不知疲劳地把自己的全部精力都用在我爱好的事业上，结果却收效甚微。”

法布尔赞许说：“看来你是位献身科学的有志青年。”

这位青年说：“是啊！我爱科学，也爱文学，对音乐和美术我也感兴趣。我把时间全都用上了。”

法布尔从口袋里掏出一块放大镜说：“把你的精力集中到一个焦点上试试，就像这块凸透镜一样……”

马克思认为，“研究学问，必须在某处突破一点”。

歌德曾这样劝告他的学生：“一个人不能骑两匹马，骑上这匹马，就要丢掉那匹马，聪明人会把凡是分散精力的要求置之度外，只专心致志地去学一门，学一门就要把它学好。”

凡是大学者、科学家，无一不是“聚焦”才成功的。拿法布尔来说，他为了观察昆虫的习性，工作经常达到废寝忘食的地步。有一天，他大清早就俯在一块石头旁。几个村妇早晨去摘葡萄时看见法布尔，到黄昏收工时，他们仍然看到他伏在那儿。他们实在不明白："他花一天工夫，怎么就只看着一块石头，简直中了邪！"其实，为了观察昆虫的习性，法布尔不知花去了多少个这样的日日夜夜。

管理学大师彼得·德鲁克曾说过："人们将事情搞砸，并不值得大惊小怪；倒是偶然做出美好正确的事，才令人称颂惊叹。能力不是人类普遍的现象，每个人的长处都只在某一特定的层面。例如，从没有人会议论为什么伟大的小提琴家贾夏·海菲兹不会吹喇叭。"如果你想成功，那就专注于自己的长处上，如果你想做个好员工，那就专注于你的工作，只有专注才能挖掘出你的潜力，只有专注才能使你脱颖而出。

俗话说："一心不能二用"。一次只做一件事显然会比一次做许多事的效率要高得多。

美国著名作家卡尔·桑德堡著有六卷本的《林肯传》，并因此而获得1940年普利策历史著作奖。桑德堡花了多年时间来写作《林肯传》，那时他住在密执安湖边。每天早上，在固定的时刻，他都会出现在湖边的沙滩上，一边低头漫步，一边聚精会神地构思。当地人说他天天如此，非常准时，甚至可以用他来对表。

有几位邻居决定开个玩笑，他们花钱请来一位又高又瘦的演员。一天早上，他们给他戴上长胡子和一顶高帽子，穿上大衣，披上披肩，然后让他朝桑德堡走去，他们躲在远处，想看看会发生什么情况。只见两人慢慢走近，又交错而过，桑德堡抬了头，又低下头去。那演员回来后，邻居们围住了他："他干了什么？"

"什么也没干，只是看了看我。"

"什么也没干？"

“他鞠了躬。”

“他没说些什么吗?”

演员的眼神有些恐慌,“他说……他说的就这些。”

“他说什么?”

“他鞠躬后说:‘早上好,总统先生”。’

桑德堡不仅是一位伟大的传记作家,更是一名著名的诗人。1950年,他因《诗歌全集》而再获普利策奖。但他写《林肯传》的时候就只专注于传记的写作,而完全不去想诗歌,写完《林肯传》之后,再全心全意去搞诗歌创作。可以这么说:桑德堡之所以能把《林肯传》和诗歌都写得很好,就是因为他写传记的时候不写诗歌,而写诗歌的时候不写传记。

这就是为什么要一次是做一件事的原因。一次只做一件事,可以使我们静下神来,心无旁骛,一心一意,专注执著,当然可以把这件事做到最好。

8 专注成就专业,让自己不可替代

专注于自己的工作,把自己的工作做到最好,就是要求员工把注意力完全集中到自己的工作上,专心致志,心无旁骛,而要做到这一点必须要有发自内心的积极主动的工作热情。只有把这种内心的热情和专注的工作态度结合在一起,才可能产生强大的执行力,才能出色地完成工作。员工积极的工作热情是催生员工强大执行力的动力,而专注的工作态度则是使员工突破工作障碍和取得工作成绩的关键。

西班牙著名的智者巴尔塔沙在其《智慧书》中告诫人们:“在生活和工作中要不断完善自己,使自己变得不可替代。让别人离了你就无法正常运转,这样你的地位就会大大提高。”如今各个行业都被竞争对手挤满了,就像在一个赛场上所有的跑道都被参赛的选手挤满了。如何在这个人满为患、竞争激烈的跑道当中做到脱颖而出、一枝独秀呢？那就是要做到使自己变得不可替代，一个最简单的办法就是：专注！

市场经济在迅速发展，各行各业的分工也越来越细，专业要求越来越高，这是社会经济发展的必然。专业决定了一个企业不能盲目地涉足太多的领域，它要求一个企业在进行规模扩张、多元化之前，先在某一个特定的领域把工作做足、做细。

1981年，瑞士APPLES市成立的罗技电子公司依靠生产鼠标和键盘进入电脑周边设备行业。鼠标和键盘是电脑最基本、最不可缺少的外设配件，同时也是价格较低而且获利较少的配件，因此许多电脑巨头根本不感兴趣，认为只生产鼠标和键盘没有前途。然而这恰恰给了罗技公司一个契机，罗技走上了鼠标和键盘生产的专业化道路。如今许多在电脑领域追求大而全的公司都已经烟消云散，然而罗技却利用它在鼠标和键盘技术方面的优势而风光不减，成了全世界最知名的电脑设备供应商之一，这就是专业带来的效益。

同样的，专业对于个人也同样重要。企业最需要的正是在某一个特定的领域有一技之长的人。当今企业里缺少的并不是那种空而全的管理型人才，而是那些在某个领域有特别高的专业技能的人才。同时，专业也能够给你带来丰厚的酬劳与奖赏，促进你的事业腾飞。

要做到专业的唯一答案就是专注！只有专注你才能够更专业！专注使你能够把你的意识和精力全部聚焦到你的工作上，让你的工作更出色。就算是普通的工作也能做出与众不同的业绩，甚至能练成绝技，让自己成为这个领域中的佼佼者，成为无可替代的关键人才，你的地位必然坚不可摧。

15世纪末文艺复兴时期，欧洲开始涌现一批著名的艺术家，他们在建筑、绘画、雕刻、音乐等方面创造了不朽的名作，当时，能否出人头地，一切都在于艺术家本人能否找到一个好的赞助人。

米开朗基罗以其优秀的“硬件”被教皇朱里十二世选为赞助对象，负责教堂的壁画设计及绘制。一次，在关于大理石柱的雕刻问题上，两人产生了严重的意见分歧，米开朗基罗觉得自己的作品没有得到教皇的充分重视，愤怒之下扬言要离开罗马。

很多人都为米开朗基罗触犯了教皇而担忧，所有人都不愿看到他因一时的冲动自毁前程。然而，事实恰恰相反，教皇非但没有惩罚米开朗基罗，还极力请求他留下来，因为教皇清楚地知道，像米开朗基罗这样的天才艺术家不乏赞助者赞助，而他却无法找到另一位米开朗基罗。

米开朗基罗在设计和绘画方面的无可替代，决定了他在教皇心中的地位无人替代。

职场中亦是如此，让一切在自己的掌控之中，让自己的技能无可取代，就不需要依赖特定的上司或是以跳槽作威胁来巩固自己的地位，自然就会受到上司的器重，使自己立于不败之地，甚至让自己成为“众星捧月”中的那个“月亮”。当你逐渐成为众人离不开的那个人时，你也一定会是老板离不开的那个人。

19世纪中期，德国伟大的农学家列比格发现了植物生长过程中的短缺元素规律，即植物生长中，某一时期总会缺少其生长所需的某一种元素，即“短缺元素”，只要增加了这种元素，植物就会有一轮新的生长；而不缺少的元素增加再多也是徒劳，甚至会反其道而行抑制植物的生长。列比格把这种短缺元素称为“不可替代”元素。

个人在企业中的发展亦是如此，一个人在一个部门或一个企业中“不可替代”时，他就会成了企业发展中的“短缺元素”，真的“没你不行”，到时，不被老板关注和器重都难之又难。

你的本领别人没有，这就是你在职场存在的理由，这就是你能够安身立命的资本，也是你不可替代的原因。而这种专业的娴熟的技术，只有专注于此才有成就。所以，在很多时候专注比勤奋、比聪明更加重要。

第八章　勤于思考　大胆创新

——创新自己的工作，不管别人说什么

让大脑运转起来，让思维活泛起来，带着思考去工作，用思想去工作，创新我们的工作，激荡脑力，挥洒智慧，用心用创意推开成功之门，不必在意别人怎么说、说什么。

1　让大脑运转起来，带着思考去工作

真正要把工作做好做完满做出成绩来，光努力显然远远不够。因为工作本身是一个极为复杂的过程，需要努力，需要勤奋，需要主动，需要认真，但最需要的还是大脑，是思考，是在工作中融入自己的智慧和思想，才能把工作做得更好更完美。这是被无数伟大的成功者无数次证明过的最有效的工作方式。

比如瓦特，从小就是一个爱思考爱研究的人，他为什么能看见壶盖跳动就发明出了蒸汽机？这当然不是幸运。

小的时候，有一天晚上他望着壁炉里通红的火焰，默默地感到惊异，想问个究竟。“奶奶，是什么东西把炉子烧旺的？”他脱口追问道，不久，另一种奇异的现象又引起小瓦特的深思：火炉上茶壶的盖子被水蒸气冲开了，壶盖吧塔吧塔地抖动着。小瓦特探索地问：“奶奶，茶壶里有什么东西？”

“水，孩子，除了水什么都没有。”

“我看水里头有东西嘛，所以才把盖子弄得吧塔吧塔的。”

祖母笑着说：“哦，那只是水蒸气。”

思想敏锐的小瓦特揭开盖子，看着翻滚的开水寻思着：“好怪！掀得动这么沉的铁盖子，那水蒸气想必很厉害吧……干吗不能用来掀动更重的东西？干吗不能用来转动车轮呢？”

就这样，这个创造发明的幼芽伴随着“思考”的雨露，在他心灵里扎下了根。后来，瓦特在英国格拉斯哥大学工作中发现，已有的蒸汽机有很大缺点，于是他年年月月地观察着、思索着，试验着，终于在1782年创造出了万能蒸汽机。

勤思出智慧，多想能创新。只有那些勤于思考、善于思考，并且边工

作边思考、边思考边创造的人，才能真正把自己的智慧潜能挖掘出来，让智慧的光芒改进工作，也照耀人类。

毕昇是我国北宋时一个优秀的老刻字工人，他的手艺很精巧，刻的木版印出来的书很受欢迎。但是，他在长期的艰辛劳动中深深感到雕版印刷有很多缺点，经常苦苦思索要设法改进它。有一次，他看见孩子用粘土做成骰子，放在炉火上烤干，就可以拿去玩了。他触景生情，反复思索，心想：假如把印书用的字，也刻得像骰子一样一个一个的，该多方便！他经过长久的细心钻研，终于发明了活字印刷术，成为我国古代科学四大发明之一。

只有思考，唯有思考，才能出新，才能创意，才能发明，才有人类科技和文明的不断发展和不断进步。可以说，“思考”是人类向科学进军的先导，是探索大自然秘密的侦察兵，是创造发明之花的阳光雨露，是攀登科学顶峰的阶梯，更是我们做好工作的基本前提。

特别是现在，社会发展日新月异，企业竞争日趋激烈，每一个工作都在不断地向前发展。要跟上时代的发展，要在这样一个飞速发展的时代有所成就，光有勤奋和努力，早已远远不够。开动大脑，启动智慧，带着思考工作，把思想融入工作，比勤奋努力更重要，抬头看路比低头拉车更重要，聪明地工作比努力地工作更重要，巧干比肯干更重要！

思考，已经成为现代企业追求的新的企业发展的支点。

真正把 THINK——思考，当作企业的座右铭、当作企业的行动指南，是 IBM 公司。

那是一个寒风凛冽、阴雨连绵的下午。老沃森在会上先介绍了当前的销售情况，分析了市场面临的种种困难。会议一直持续到黄昏，气氛很沉闷，一直都是托马斯·沃森自己在说，其他人则显得烦躁不安。

面对这种情况，老沃森缄默了 10 秒，待大家突然发现这个十分安静的情形有点不对劲的时候，他在黑板上写了一个很大的“THINK”(思考),然后对大家说:“我们共同缺少的是——思考,对每一个问题的思考。别忘了,我们都是靠工作赚得薪水的,我们必须把公司的问题当成自己的问题来思考。”然后,他要求在场的人开动脑筋,每人提出一个建议。实在没有什么建议的,对别人提出的问题加以归纳总结,阐述自己的看法与观点。否则,不得离开会议室。

结果,这次会议取得了很大的成功,许多问题被提了出来,并找到了相应的解决办法。从此,“THINK”便成了 IBM 公司员工的座右铭。在“THINK”的助力下,IBM 也开始进入了一个飞快发展的时期。

工作需要思考。没有思考的工作,再勤奋敬业也会业绩平平,甚至留下终生的遗憾。而带着思考去工作,则会找到最好的方法,少走弯路,事半功倍,终归成功。

18 世纪,天文学家在火星与木星之间找到了一颗小行星。为了方便研究,便请数学家计算它的运行轨道。数学巨人欧拉不眠不休的计算了三天三夜,等到数据出来的时候,他的右眼已经因为过度劳累失明了,他的敬业精神值得世人敬佩。

和欧拉同时接受任务的还有一个数学家,高斯,他首先革新了欧拉行星运行轨道的计算方法,引入了一个八次方程,仅花 1 小时就得出了更加精确的结果。

1901 年 1 月 1 日,人们循着高斯计算的运行轨道,终于找到了这颗小行星——谷神星。高斯深有感触地说:“若是我不变换计算方法,我的眼睛也会瞎的。”

努力是一个人的优秀的品质,但很多时候我们都会发现,光努力没有用,而思考后的努力却会让事情完全不一样。

比如铁棒磨成针,这种下苦功的精神固然值得称道,但方法就太不可取了。要得到绣花针,有必要用一根大铁棒慢慢地去磨吗? 所以,工作努力值得表扬，但只知道努力，不知道思考，不会找到最有效的方法，那就不是努力，是笨了。这样的人，再努力也不会有成就，更不会成功。

只有那些积极开动脑筋，主动思考，把思想融入工作的人，才能做出成绩来。

杨春民是网通广州分公司支撑共享中心的主任，他被誉为网通里的“思想者”，那是因为他时刻在思考应该怎样更好地开展工作，应该如何提高工作效率。

支撑共享中心每个月都有一项任务，将该月出账的用户收入拆分到各营销中心。过去，这项工作是工作人员使用 Excel 表格来处理，通常需要花费好几天时间，还经常出错，影响到对各营销中心的考核。

杨春民开始思考，工作不能一味埋头拉车，还要抬头看路，看看我们走的路有没有错，是否还有其他路可以更省力、更快捷？那么，现在能不能找到一个数学公式一样的东西将这些资料统一处理、提高效率呢？

他想到了用数据库，利用数据库可以对众多繁杂的数字进行统一管理，并且查找方便、不易出错。于是，杨春民利用午休时间编制程序，协助收入拆分和佣金结算，利用数据库将所有用户的收入及其归属进行归档。账务组在该程序的辅助下，提前 3 天准确完成各营销中心的收入拆分，大大提高了工作效率，并保证了公司经营分析数据的准确性和及时性。深圳分公司的 CPN 计费出账和结算在他开发的程序的帮助下，出账时间由原来的 3 天缩短到 1 天，结算时间由原来的 5 天缩短到 2 天。

杨春民能获得工作上的成功，主要得益于他有善于思考的敬业精神。他能够把公司的事当成自己的事，处处为公司的利益着想。

然而，不论在哪家企业，不论在什么样的行业，总会有一些不善于用脑工作，缺乏思考能力，也没有解决问题能力的员工。他们遇到问题时，不是去多问几个为什么，不去思考也不去请教，他们只是机械地听命，木头人一样地劳作，他们害怕别人议论他又出了什么风头，害怕领导批评他们的思想荒唐不可靠，就什么也不去想什么也不去管，只是听命行事。这样的员工不仅不受企业的欢迎，而且在职场上也很难有发展和突破。

真正想要把工作做到最好的员工，就不要在乎别人说你“想得太多”或是“多管闲事”。在工作中要多思考，看到什么，想到什么，有什么好的主意可以推进工作，可以让工作效率更高或是工作更好地进行，都要努力大胆地去尝试，而不要管别人说什么。不管做什么样的工作，都有意识地多想一想自己的决定是否能够经受住考验，自己的计划是否全面周详，自己遇到障碍时应当怎样去处理才能把事情做得更好。这样能够避免很多自以为是的、很幼稚的错误，顺利圆满地完成每一项任务，也让自己一步一步走得稳健而踏实。

2　用心工作，心中有点子工作才有路子

用力只能做到合格，用心才能做到优秀。这是工作的箴言。

只有用心，才能积极主动地去思考；只有主动思考，积极思考，才会有点子。心中有了点子，工作才有路子。有了路子，当然什么困难都不再是困难，什么问题也都可以解决，什么工作都可以做得最好了。

有一个富翁，由于投资不慎，他破产了，所有的东西都被拍卖得一干二净。他心灰意冷，打算回老家种地，再也不回来了。口袋里的钱买完回家的车票后只剩下最后的一元钱。

从深圳开出的回家的列车开始检票了，他百感交集。“再见了，深圳！”一句告别的话，还没有说，就已泪流满面。

“我不能就这样走。”在跨上车门的一瞬，他又退回来。火车

开走了，他留在了月台上，在口袋里悄悄地撕碎了那张车票。

深圳的车站是这样繁忙，你的耳朵里可以同时听到七八种不同的方言。他在口袋里握着那一元硬币，来到一家商店的门口。五毛钱买了一只儿童彩笔，五毛钱买了四只“红塔山”的包装盒。

在火车站的出口，他举起一张牌子，上书“出租接站牌（一元）”几个字。当晚他吃了一碗兰州牛肉面，口袋里还剩了18元钱。5个月后，“接站牌”由4只包装盒发展为40只用锰钢做成的可调式“迎宾牌”。火车站附近有了他一间房子，手下有了一个帮手。

三月的深圳，春光明媚，此时各地的草莓蜂拥而至。10元一斤的草莓，第一天卖不掉，第二天只能5元，第三天就没人要了。此时他来到近郊的一个农场，用出租“迎宾牌”挣来的1万元，购买了3万只花盆，第二年春天，当别人把摘下的草莓运进城里时，他的载着草莓的花盆也进了城。不到半个月，3万盆草莓销售一空，深圳人第一次吃了真正新鲜的草莓。他也第一次领略了1万元变成30万元的滋味。

要吃即摘，这种花盆式草莓，使他拥有了自己的公司。他开始做贸易生意.他异想天开地把谈判地点定在五星级饭店的大厅里。那里环境优雅且不收费。两杯咖啡，一段音乐，还有彬彬有礼的小姐，他为没人知道这个秘密而兴奋，他为和美国耐克鞋业公司成功签订贸易合同而欢欣鼓舞。总之，他的事业开始复苏了，他有一种重新找回自己的感觉。

点子是创造力的体现，它能为我们选择事业和开创事业指出一条又一条可行的路子。没有点子，则心中茫然，眼中荒芜，即使抱着对工作一万分的激情，也找不到下手的地方。工作成绩，事业成就又从何谈起？世界上勤奋的人不计其数，但在事业上获得成功的人却寥寥无几。其中的关键就在于没有经过周密的思考，没有找到好的“点子”。所以，在一个人成大事的过程中，必须要多思考，多想点子，杰出的点子能帮助你成就美好的人生。

3 勤于思考，想办法就会有办法

有一句话讲得好：“发动机只有发动起来才会产生动力。”同样，想办法才会有办法！如果停止思考，即使天才遇到问题时也会一筹莫展。

工作不在于你怎么做，而在于你想怎么做。一个主动想办法的人，总是能找到完成工作的最好办法。只有这样的人，才能成为事业的强者和企业的中坚力量。

现代心理学的研究表明，在困难面前积极想办法的态度会激发人们的潜在智慧。所以，那些成功的人士在遇到困难的时候，都会相信天无绝人之路，而无路可走的人总是那些不下工夫找出路的人。

“确实是没办法！

“真的是一点办法也没有！”

一句“没办法”，也许是我们能找到的不做这件工作的最好理由。然而也正是一句“没办法”，让我们浇灭了很多创造的火花，从而阻碍了我们前进的步伐！

是真的没办法吗？还是我们根本没有去好好地动脑筋想办法呢？

巴黎有一位漂亮女人，美艳不可方物，也极受民众的喜爱。但是，在法国大选期间，有人企图利用她来拉拢一位代表投票。为了选举的公正，必须尽快找到这位美人，及早制止她的行动。但由于地址不详，担任这一寻找任务的上校经过一周艰难的努力，在警察局查户籍、在她经常出没的地方布控、寻访知情人等各种方式都用遍了，仍未掌握她的踪迹，上校急得坐卧不安。

这时,戈特尔上尉来访,当即表示愿帮上校这个忙,并且保证完成任务。上尉转身上街,找到巴黎最大的一家花店,让老板选一些鲜花,并让其帮助送给那位女人。老板一听美女的名字,把鲜花包装好后,举笔在纸上写下这位女人的地址,上尉轻而易举的获悉了这个女人的住处。

上校用一周时间都未能找到的地址,上尉只用一分钟就解决了。

办法是人想出来的。只要想办法,就会有办法。

很多时候,有很多问题,其实并不像我们想象中的那么难,只要我们开动脑筋,大胆去想,并付之于行动,成功也就变得简单而顺理成章了。

有一位名叫乔治·赫伯特的推销员,成功地把一把斧子推销给了小布什总统。布鲁金斯学会得知这一消息,把刻有“最伟大的推销员”的一只金靴子赠予了他。这是自1975年布鲁金斯学会的一名学员成功地把一台微型录音机卖给尼克松以来,又一学员获得了如此高的荣誉。

布鲁金斯学会成立于1927年,以培养世界上最杰出的推销员著称于世。它有一个传统,在每期学员毕业时,设计一道最能体现推销员能力的实习题,让学员去完成。在小布什当政期间,他们出了这样一道题:请把一把斧子推销给小布什总统。

鉴于以前的失败和教训,许多学员知难而退。有的学员则认为,现任的总统什么都不缺,即使缺也用不着他们亲自购买,再退一步讲,即使他们亲自购买,也不可能正赶上你去推销的时候。

但是,乔治·赫特伯却不这么想。在一位记者采访他的时候,他是这样说的,“我认为,把一把斧子推销给小布什总统是完全可能的。因为,布什总统在得克萨斯州有一农场,那里长着许多树。于是我给他写了一封信,信上是这么写的:‘有一次,我有幸参观了您的农场,发现那里长着许多矢菊树,有些已经死掉,木质也已经变得松软。我想,您一定需要一把小斧头,但是从您现在的体质来看,这种小斧头显然太轻,所以您仍然需要一把不甚锋利的老斧头。现在我这儿正好有一把这样的斧头,它是我祖父留给我的,非常适合砍伐枯树。如果您有兴趣,请按这封信所留的信箱,给予回复……'最后他就给我汇来了 15 美元"。

乔治·赫伯特推销成功后,布鲁金斯学会在表彰他的时候说,"金靴子奖已空置了 26 年。26 年间,布鲁金斯学会培养了数以万计的推销员,造就了数以百计的百万富翁,这只金靴子之所以没有授予他们,是因为我们一直想寻找这么一个人。这个人从不因有人说某一目标不能实现而放弃,从不因某件事情难以办到而不去寻找方法"。

的确,不是有些事情难以做到,而是因为我们没有去想办法。办法不是天上掉下来的,办法是需要我们去想出来的,不想办法哪有解决的办法?

一个主动想办法的人,总是能找到完成工作的最好办法。只要勤于思考,想办法就一定会有好方法!

4 善于思考,做问题的终结者

在现代机器化大生产的趋势下,为什么还需要人来工作?机器为什么不能取代人呢?其关键就在于人是有思想的,人在工作过程中自始至终有着自己的思想,自己的认识,自己的理解,自己对问题的处理和判断,包括创意、想法、期望、解决方法等,正是这一区别使机器不能取代人,也成就了人在工作中特有的劳动价值。如果我们在工作中只会机械地听命而不动用我们的大脑,融入我们的思想,那我们与一台机器又有何异?

所以，要学会思考，更要善于思考，学会在工作中去发现问题、思考问题并解决问题，做问题的终结者，让问题到此为止。

青岛劳模队长许振超就是一个“问题终结者”。他不管遇到什么样的问题，都想尽一切办法去解决，让问题在他这儿完美终结。正因为他长期坚持这样做，最终，只有初中学历的他，却主持了前湾码头两台国内最大桥吊的安装，成为全国工作的典范。

《青岛日报》曾这样报道他的事迹：

一天，青岛港务局主管说，桥吊的张紧液压装置坏了，修了一下午都不行。先进劳模吊车司机许振超在问清情况后开始排查，这儿摸摸那儿看看。过了十几分钟，他在张紧液压机跟前站住了，在反复摸了摸里面的两个溢流阀和前后两根油管后，他招呼道：“主管，你来试试。”

这位主管摸了摸说：“好像一个温度高一点。”许振超说：“就是右边这个阀，换掉它试试。”十几分钟后，换上新溢流阀的机器恢复正常。工人们赞道：“神了！”事后追问，许振超回答：“没什么神的，以前我开门机时，就遇到过类似的毛病，连技术员都没办法，我不死心，买了本《液压技术》，边学边修，到底给捣鼓好了。”

由此可见，优秀员工总是带着思考去工作，他们能够找到解决问题的最好方法。

面对工作中的种种问题，当你抱着积极的心态去处理时，这些问题只会让你积极地思考，这些问题在你的思考面前势必低头。正因为如此，你如果能努力地发现问题，并着力解决它，你会发现自己对事物的洞察力是那样的敏锐，同时，还会发现自己永远拥有无穷的活力及解决问题的能力。

有些人则会说，“我太忙了，连考虑的时间也没有”，“以前的人也都是这么做的啊”。这些人总爱找借口躲避工作中的困难。还有一些人积极思考、主动去解决问题，可能还会碰到别人的冷言冷语。比如，“又不关你的事，你瞎操心干什么”，“就显摆你有能力”，“就你能，你有本事”。有的员工就会退缩了，因为害怕这样会影响了自己的人际关系，或是降低了自己的威信，其实是完全没有必要的。把问题终结就是你的责任，无可推托，你勇敢地担当责任，这有什么不对呢？就算不在你的责任范围之内，也在公司的范围之内，公司的利益就是你的利益，为什么不能积极主动地多做一点，为企业解决问题呢？所以，不要在乎别人怎么说，你做的是对的，就一定要大胆地去做，该解决的问题就大胆地去解决。

5 开阔思路，不被陈规所限

当我们开动脑筋，积极思考时，我们的思路自然而然会变得开阔起来，思想也更活泛，想法更多，也就更容易跳出条条框框的束缚，更容易找到一条特别的路，从而引领我们向成功进发。

2007年春节前，有一个叫孟智的人的拜年照片，几乎在一夜间出现在了北京1800多家公共厕所里。

这些照片是在夜深人静的时候被悄悄挂上去的，男厕所有，女厕所也有。谁也没想到精心策划这件匪夷所思的事情的人，不是别人，就是照片中的男子孟智本人。

很多人认为孟智这样做的目的是为了标新立异、哗众取宠。孟智自己并不在乎别人的看法，他觉得这是件特别自豪的事情。“把照片挂进厕所里，是我的一个创意！”孟智兴奋地说道。

公共厕所在孟智的眼里是一块风水宝地，这个结论是他三年前在一家火锅店吃饭时得出的。

2005年初春的一天，孟智和一帮朋友在常去的火锅店聚餐，席间上厕所时，小便池上方的一幅漫画吸引了他的注意。早在半年前，孟智第一次来这里就看到了这张漫画。

半年间，孟智每次来都要盯着这张漫画仔仔细细地看一遍，这次也不例外，孟智从上到下、从左到右，又认认真真地看了一遍，越看越兴奋。

孟智激动地跑出洗手间，回到餐桌问他的几个朋友，洗手间里挂的是什么。朋友们脱口而出，漫画啊，还把漫画里的内容描述得清清楚楚。朋友们的话音未落，孟智已经箭一般地冲出去，马上找到了火锅店的老板。

“我说你这漫画为什么不换啊?”经孟智一提醒，老板才想起来确实有很长时间漫画没有更新了。“我帮您换吧，定期换，不收钱，免费的。”孟智对老板提出了这个建议。

天上也有掉馅饼的时候，既不用自己费心也不用花钱，对于这种好事，老板岂有不答应的道理?

万事开头难，孟智的第一步成功跨出。免费给别人换漫画，不是孟智的一时冲动，他之所以有这样的想法，源自有次与朋友在火锅店的聊天。

那天朋友们突然聊到上厕所无聊的话题，都坦言那时候书、报纸、甚至墙上的缝隙都会成为研究的对象。孟智紧跟一句：“如果把漫画换成一幅广告，你们看不看?”“看，不看这个，能看什么?”朋友的反问让孟智萌发了在厕所做广告的创意。

“就是把洗手间这个位置包下来，挂上我们的载体，宣传我们的客户，赚取我们的利润。”孟智简洁的话语把创意解释得明白易懂。

说干就干，2005 年 3 月，孟智辞去了银行的稳定工作，满世界寻找中意的厕所。孟智对自己的创意充满信心，风风火火地就干起来了。短短的四个月，北京地图上，各个色块区域内的餐饮酒店、甚至连写字楼、商场都被孟智走遍，他将 3.8 万多个厕所收入囊中。

工作辞了，公司注册了，厕所物业谈完了。半年不到，孟智的亮角落传媒公司风风火火地成立了。

四个月一眨眼就过去，合作的厕所找了一大堆，广告客户却迟迟不见登门，原本信心十足的孟智也开始忐忑不安起来。他心里清楚，只是帮客户将广告放到厕所里，这样的定位会局限广告主的范围，并不是所有的广告主都愿意选择这么一个广告位。

就在孟智为亮角落的出路担心不已的时候，电话响了，一个家纺生产商告诉孟智自己要在亮角落投一个月的广告。和火锅店老板谈妥的四个月之后，孟智终于将他精心设计的广告牌，挂进了火锅店的厕所里，其实不止是这家火锅店，孟智还将他的广告挂进了北京1800多家合作的厕所里。

家纺的广告一出，很多商家闻讯找到了孟智。上门的客户多了起来，韩国的三星集团打来电话，要在亮角落为三星的厨卫石材做推广。

三星要做的广告投放量相当大，把整个北京城全覆盖了。这个单子相当于亮角落前半年的订单总和。突如其来掉下这么大的馅饼，公司上下都兴奋异常。

几万个广告牌一夜之间铺进了各个楼盘。仅仅过去了一天，三星的热线电话就此起彼伏，甚至连孟智的亮角落的电话也响声不断。三星中国分部的负责人和亮角落签下了长期的年度服务。

与三星合作成功之后，出乎所有人的意料，一个又一个的名牌先后挤进了厕所这个小角落，孟智的亮角落火了。

一年后，整个中国除了西宁以外的所有省会城市和地级市，全部被孟智的亮角落覆盖。在这个不足方寸的小角落，孟智做成了全国第一。越来越多的人了解了亮角落，理解了孟智的厕所文化、厕所经济。

三星、智联招聘、荣威汽车，在所有人嗤之以鼻的厕所小角落里，一个又一个的著名品牌先后登场，在生存如烧钱的媒体行业里，第一年就实现盈利上千万，亮角落火了，孟智富了。

因循守旧、墨守成规，缺少新的思路，缺乏创新精神，只在“守”字上做文章是达不到目的的。现代经济社会的发展日新月异，只躺在原有的基础上睡大觉，终将被历史所淘汰，要想获得百分之百完美的成功，就要有创新的精神。

创新的关键就在于打破常规，突破定式思维，敢想敢做敢挑战。在人们的思维中，西瓜是圆的，然而，国外却开发出了方形西瓜，不易滚动，占据空间小，运输、储存、装卸都方便多了，其独特和新奇当然可以吸引更多的消费者，这就是打破成规不按牌理出牌带来的效果。

诺曼·沃特是美国的一名收藏家，在他收藏的初期，他为收购到名贵的精品而不惜千金，导致资金严重周转不灵。

一天，沃特脑海中突发异想，为什么一定要收藏名家名品，而不收购些名家的劣画呢？于是在短短一年时间里，他便得到了300多幅劣画。

1914年，沃特在各大报纸上登出广告，宣传自己将要举办首届劣画大展，并说明其目的是为了让人们从劣画中学会鉴别，真正认识到名画和好画的价值。

没想到，这个画展空前成功。人们在茶余饭后议论着，更多的人从四面八方赶来，争先恐后地去参观。

从此，沃特成为收藏业中的名人。

一个优秀的员工就应当具备这种敢想敢做敢为的精神，开动脑筋，勤于思考，激荡脑力，开发创意。就能走出一条别人没有走过的路，破除清规戒律、打碎条条框框的、带来成功的完美结局。

6　敢于破界，冲开所有束缚

一个有思想的人与其他人的主要区别就在于其经常思考，善于思考，遇到问题或迷惑时，不会像一般人那样，凭着经验或感觉去做，或者去听别人怎么说，看书上怎么写，而是在经验、知识和“听人说”、“翻书看”的基础上，通过自己的思考来辨别真伪，判断优劣，制定决策，寻找方法，这样才是真正把思想和智慧融入了工作，才能真正把工作客观和有效地做好，才不会落入经验、知识和书本的陷阱。

事实上，不论是经验、知识还是书本甚至权威，其判别事物的能力都是有限的，都有它们自身的局限性。过去的经验放到今天，不一定还适用；权威的思想只说明某一方面他是权威，却并不代表他对所有的事情都权威；书上的知识是死的，而你的工作是不断变化的，书本上的知识如果生搬硬套的话，注定是要吃亏的，古人有言“尽信书，不如无书”就是这个道理。所以，一个个善于思考的人，一个有思想的人，绝不能被这些条条框框束缚住，要敢于破界，敢于创新，敢于打破规则。用 Hawkin（当代德国数学物理学家）的话说，就是要有“跳跃性的思维”，要跳出所有的限制，以更宽阔的视野来看待问题和解决问题，才能更有方法，更有效率。

例如，在一个平整的有限平面上，有一只蚂蚁，它想从 A 点爬到 B 点去。当然，一般情况下它可以达到目的。可是问题是，现在在这个平面上放了一块隔板，把 A、B 两点隔开了。这样，在蚂蚁的眼里，由于它的视野局限在平面内，它就认为平面就被分割了，A 和 B 点不在一个空间（平面是二维空间）中。因而它无法达到目的地。但是对于一只蚊子来说，因为它的视野是在三维空间中，跳出了二维空间的局限，所以它很容易就看到可以从空间其他通道到达目的地。

工作中也是一样，要把难题解决掉，就要跳出固有的思维，要破界，要冲开阻碍我们思想的束缚才行。其实，这也并非我们想象中的那么难，只要我们开阔思路、大胆思考、勇于思考，崭新的思维也会被我们找到。

比如，我们常常会遇到难以解决的问题，有的人会选择放弃，有的人会选择不达目的不罢休，而有的人会改变思路，寻找解决问题的新角度，毫无疑问，最后一种人是最有可能解决问题，并有大的收获的人。

遇到难以解决的问题，与其死盯住不放，不如把问题转换一下，化难为易，达到解决问题的目的。聪明人可以把复杂问题简单化，不聪明的人可以把简单的问题复杂化。事实上，解决复杂问题时能够化繁为简，就体现了一种新的视角。“曹冲称象”中，曹冲之所以能够把称大象这么一个复杂的困难问题变得简便易行，就是因为他敢于破界，敢于突破“秤小”的束缚，而以一种全新的视角、全新的思维来看待这件事，从而把“称大象”变成了“称石头”，完美地解决了问题。

另一方面，凡事切忌一根肠子通到底，可以试着转个方向，换个角度，你会有好的发现、大的收获。

兰德为了满足他女儿的要求，同时也是为了他的理想，他向有摄影经验的人请教，询问是否有一种方法，可以在拍完照之后立刻看到照片。在得到否定的回答后，他仍然锲而不舍地追求着。

最后，他经过不断地研究、试验，终于实现了自己的理想，这种相机的作用完全依照女儿的希望，因而，兰德企业就此诞生了。如果兰德认同他人的想法，绝不会发明出这种同时显影的照相机。正因为他打破了他人的常规思维，开辟出了自己的新路子，终于走上了创新的成功之路。

任何一个有创造成就的人，都是战胜常规思维的高手，他们不被过去的思维所困扰，能突破常规思维的束缚，取得创新成果。

例如过去用冰箱都是冷冻室在上面，冷藏室在下面。日本夏普公司进行了换位思考,发现用户对冷藏室用得较多,还是放在上面方便。于是设计时换了个位置。但由于冷空气往下走的特性,改变设计后冷冻室的低温不能很好地利用,比较费电。但研究者又思考,如果想办法让冷空气往上走问题不就解决了吗?于是,在冰箱内安上排风扇和通风管,把下面的冷空气提升到上面的冷藏室。经过条件转换思考,新型电冰箱既使用方便,又保留了原来省电的优点。受到了用户的欢迎。

一家庭主妇煎鱼时发现鱼肉总是粘锅,煎好的鱼铲起来很费事,而且鱼也容易碎掉。她通过换一下加热位置在锅盖上安装电阻丝,发明了煎鱼不糊的锅。

一个小村镇内只有两个理发店,甲店很脏,地上都是头发,乙店很干净地上不见头发。在这种情况下,某人通过换位思考,仍然去了甲店理发,他的理由是地上头发多的理发店,说明顾客多,自然是因为理发师头发剪得好。

另外,寻求解决问题的全新视角,也是解决问题行之有效的好办法。这就需要你努力从众多的新角度去思考某一事物或问题,以便获得更多的新认识,提出更多的解决问题的新办法。

美国密歇根州詹姆斯敦小学的一位教师曾让每个学生都给当地企业写一封信,提个尽可能荒谬的要求。小学生凯特于是写信给当地的一家快餐连锁店说,她希望能终身吃炸鸡,因为这是她的最爱。结果这家快餐店竟答应了凯特的要求,因为连锁店老板觉得凯特把这家店的食品当做自己的最爱是他们的荣幸,从凯特的视角看来是荒谬的要求,店老板以新的视角却是对他们食品的钟爱。

某校的学生去农村劳动,甲生说发现白菜上有虫子,想把它弄下来踩死,免得白菜叶子受损,问老师对不对?老师答对!乙生说:老师,虫子是有生命的,不应该踩死它。老师也答对!丙生听了很不理解，便问老师，两个人意见相反，总有一对一错，为什么说他们两个人都对呢？老师答对！三个人都对，这就是因为从不同的视角看问题，结果不同。

寻找解决问题的新角度本身就是一种创新，一种改变，所谓“退一步海阔天空”，很多时候就是这么看似不起眼的一步，就可能令局面大为改观，让我们看到“柳暗花明”的一片新天地。

有时候换一个角度，变一种说法，就能轻而易举地达到目的。在工作的过程中，也需要学会这种变换视角、换个角度想问题的改变思维的方法，这样更有助于我们提升工作效率。

2002 年 2 月，时值春节，时任蒙牛液体奶事业本部总经理的杨文俊在深圳沃尔玛超市购物时，发现人们购买整箱牛奶搬运起来非常困难。

由于当时是购物高峰，很多汽车无法开进超市的停车场，而商场停车管理员又不允许将购物手推车推出停车场，消费者只有来回好几次才能将购买的牛奶及其他商品搬上车，这一细节引起了杨文俊的重视。

此后，杨文俊就不断在思考这件事情，想着怎样才能方便搬运整箱的牛奶。

一次偶然的机会，杨文俊购买了一台 VCD，往家拎时，拎出了灵感：一台 VCD 比一箱牛奶要轻，厂家都能想到在箱子上安一个提手，我们为什么不能在牛奶包装箱上也装一个提手，使消费者在购物时更加便利呢？

这一想法在会上一经提出，就得到了大家的认同，并马上得以实施。

这个创意使蒙牛当年的液体奶销售量大幅度增长，同行也纷纷效仿。

敢想敢做，敢于破界，破除一切束缚，这本身就需要勇气、更需要智慧，需要思考。所以，一个善于思考、勤于思考的人，还要有打破一切规则的勇气和毅力，才能真正把智慧和思想融入工作，从而更好地促进我们的工作，使工作更出彩、更有效、更出成绩。也就是说，一个敢于破界、敢于向一切挑战，不畏惧任何阻碍，敢于打破一切束缚的人，定会拥有闪亮的人生。

7　激荡脑力，用创意缔造工作奇迹

善于思考的员工大多具有一种超越于一般人的思维模式，那就是创新思维。

创新思维指的是开拓、认识及发现、研究新领域的一种思维。简单地说，创新思维就是有创见的思维，是人们在已有的经验的基础上，从某些事实中更深一步地找出新点子，寻求新答案，发现新路子的思维。

有家大型广告公司招聘高级广告设计师，他们要求每个应聘者在一张白纸上设计出一个最好的方案，不受主题和内容的限制，然后把自己的方案扔到窗外。如果谁的方案最先设计完成，并且最先被路人捡起来看，谁就会被录用。

设计师们开始了忙碌的工作，他们绞尽脑汁地描绘着精美的图案，甚至有人费尽心思地画出诱人的美女。

就在其他人都手忙脚乱的时候，有一个设计师非常迅速、从容地把自己的方案扔到了窗外，并引起路人的哄抢。

他的方案是什么呢？原来，他只是在那张白纸上贴上了一张面值100美元的钞票，其他的什么也没画。就在其他人还疲于奔命的时候，应聘的结果已尘埃落定。

思路决定出路。这位应聘者当然是最优秀的设计师了，因为他有最好的创意。独具一格、具有创新思想的思路，才能让我们在这个竞争激烈的社会上脱颖而出，赢得机会，获得成功。

在20世纪80年代，海湾国家的空调器市场基本上被欧美所占领，日本企业虽然也在这个市场上占有一席之地，但由于进入较晚，销售量非常低。为了在海湾地区打开市场，扩大自己的市场份额，日本企业在经过详细的调查研究后，发现了一个非常有价值的突破口：海湾地区受天气的影响，风沙较大，而当时欧美的空调器并没有对产品进行相应的改造，因此空调器经常出现停转的现象。经过简单的研发，日本企业推出了一种带有风沙过滤装置的空调器，并且在广告中极力宣传这一卖点，从而很快占领了海湾市场。

激荡脑力，挥洒智慧，充满激情的大脑可以帮助你超越一切困难，粉碎所有的障碍，让精彩的创意缔造出工作的奇迹。

一家规模不大的建筑企业在为一栋新楼安装电线。在一处地方，他们要把电线穿过一根长10米、但直径只有3厘米的管道，而且管道是砌在砖石里，并且弯了4个弯。这对非常有经验的老工程师来说都感到束手无策，显然，用常规方法很难完成任务。最后，一位刚刚参加工作不久的青年工人想出了一个非常新颖的主意：他到市场上买来两只白鼠，一公一母。然后，他把一根线绑在公鼠身上，并把它放在管子的一端。另一名工作人员则把那只母老鼠放到管子的另一端，并轻轻地捏它，让它发出吱吱的叫声。公鼠听到母老鼠的叫声，便沿着管子跑去救它。它沿着管子跑，身后的那根线也被拖着跑。因此，工人们就很容易把那根线的一端和电线连在一起。就这样，穿电线的难题顺利得到解决。

所谓创意，就是开阔思路，不断开发新点子，以想人之所未想，为人之所不能为，出奇制胜的想法和行动。创意不仅是缔造奇迹的源头活水，更是点石成金的财富魔棒。有时候只不过是一个简单的创意，就会带来惊人的财富。

在20世纪20年代初，巴柴每年冬天都和一些朋友到冰封了的纽芬兰海岸去钓鱼，每次都能钓很多，钓上来的鱼放在冰上立即就会冰冻起来。因为一次吃不完，巴柴就把多余的鱼带回家。

几天后，当他要吃带回家的鱼时发现，如果鱼身上的冰不融化，即使经过几天，鱼的味道也不会变。于是他再进一步试验肉和蔬菜冰冻的结果。他发现，竟也跟冷冻鱼一样能保持新鲜。

后来他又锲而不舍地反复实验，进一步得知，食物冰冻的速度和方法不同，会使冷冻后的味道和新鲜度产生少许的差异。如果冰冻得不好，就会失去原来的味道和新鲜度。经过几个月的摸索后，他终于研究成功不会失去原来新鲜度的冰冻方法。

1923年8月，巴柴把自己无意中“捡”来的发明拿到专利局申请“冷冻法”专利，然后卖给美国通用食品公司，以三千万美元成交。结果，巴柴在短短几个月内成了大富豪。

冬天在冰封的海边钓鱼的人多的是，他们钓起来的鱼也是很快就冰冻了，但谁也没有对这种司空见惯的现象引起注意，更不用说思考了，只有巴柴从中找到了冰冻法的创意，也因此只有他能一举成为富豪。这就是创意的神奇所在，也是创意的魅力所在。

8　挥洒智慧，让自己在创新中走向卓越

比尔·盖茨曾说过：“创新，它犹如原子裂变，只需一盎司就会带来无以数计的商业效益。”创新是企业进步的灵魂，创新是个人发展的助力器。在当今这样竞争激烈变化迅捷的时代，一个不懂得创新的企业就不会有明天和未来，它只会因循守旧、墨守成规、停步不前、死气沉沉，并最终消亡，没留下丝毫痕迹。一个不懂得创新的人不可能有辉煌和成功，他只会循规蹈矩、死守岗位、故步自封、不思进取，最终还会惨遭淘汰。

创造力是上天赐予我们的最珍贵的礼物，它能给我们带来许多意想不到的惊喜和精彩。创新创造了许多神话和奇迹，并且还在创造、还将创造更多的神话和奇迹。

美国佛罗里达州有一位生活贫困的画家，名叫律蒲曼，他画的画总是没有多少人欣赏，即使卖出去也得不到几美元。因此，他一日三餐都难以维持，绘画的工具简陋不堪，仅有一块旧画板及一支削得短短的铅笔。

有一天，律蒲曼正专心致志地绘画，要修改时却找不到橡皮擦。他好不容易找到一块橡皮擦去了需要修改的画面后，却又不知道把铅笔放到何处了。他找得满头大汗也没找着，自然恼火了。他从中吸取教训，把橡皮擦与铅笔用丝线缚在一起，这样可以避免两者分离难找。但这种方法不牢固，使用一会儿橡皮擦就掉了下来，很不方便。

律蒲曼决心弄好这块橡皮擦，想了多种方案，几天后终于想出一种妥善的方法。他剪下了块薄铁片，把橡皮擦和铅笔末端绕包起来，再压两道浅渠，两者就连接得很紧了，使用时再也不会掉下，给绘画带来很大方便。

这一件看来微不足道的事情却给律蒲曼带来一个发大财的机会。他想：今后生产的铅笔都能带橡皮擦，定会受画家、广大学生的欢迎。他越想越觉得此事很有前途，应该把这一项“创造”申请专利。

律蒲曼向亲戚借来几十美元到专利局办理申请手续，很快得到确认，不久又被雷巴铅笔公司买了这项专利。律蒲曼一下获得55万美元专利费。对于一个连买铅笔都困难的穷画家来说，这笔收入是多么可观。

任何人在一生中，都会产生许多好的创意，关键是有的人对此极为麻木，没有意识到其价值，从而失去机会。有的人又缺乏决心和努力去实现自己的美好创意，从而错过机会。

在浙江东部有一个风光旖旎的小岛，名叫鹿儿岛。因气候温和、鸟语花香，吸引了大批来自各地的观光游客。有一位名叫刘元的温州商人，看中了这块宝地，便在这里选取了一块光秃秃的山坡，修建了一座豪华气派的鹿儿岛度假村。但由于度假村地处秃坡，一些投宿的观光客总觉得有些扫兴，建议刘元尽快绿化此坡，改善度假村的环境，刘元觉得这个建议好是好，但度假村里人手少，资金又不足，要栽树不知栽到哪年哪月才能栽完。不过刘元毕竟是个温州人，天生就是做生意的料，他脑子一转，立即想出了一个高招。

时值植树节，他迅速在各大媒体打出一则这样的广告：

各位亲爱的游客：

你想在鹿儿岛留下永久的纪念吗？那么，请到鹿儿岛度假村的山坡上栽上一棵纪念树吧。以纪念你的新婚或旅行！

这一招果真管用，很快就得到了观光旅客的热烈回应，那些常年生活在大都市的城里人，在废气和噪音中生活久了，十分渴望到大自然中去呼吸一下新鲜空气，休息休息，如果能亲手栽上一棵树，留下“到此一游”的永恒纪念，那是很有意义的。于是各地游客都纷纷来鹿儿岛度假村的山坡上栽树。

一时间，鹿儿岛度假村变得游客盈门，热闹非凡，当然，刘元并没有忘记替栽树的游客准备一些花草、树苗、铲子和浇灌的工具，以及一些为栽树者留名的木牌。并规定：游客栽一棵树，鹿儿岛度假村收取十元的工本费。并在木牌上写上大名，以示纪念，这是很有吸引力的赚钱高招，到此一游的人谁不想留个纪念？因此，一年下来，鹿儿岛度假村除食宿费收入外，还收取了栽树费数百万元。几年以后，随着幼树成材，荒秃的山坡绿化了，刘元也因此发了大财。

如果你愿意在工作中挥洒你的智慧，不吝啬你的创意，并且把你的创意运用到工作中去，你一定会在创新中一步一步向走向卓越！

第九章　勇往直前　不断超越

——把工作做到最好，不管别人说什么

真正优秀的成功者，具有一种勇往直前、敢于挑战、不断进取、永不满足的精神。任何“不可能”他们都可以把它变成可能。任何失败都不能阻止他们前行的脚步，再辉煌的成就，也不会成为他们停步的理由。他们爬上一个又一个巅峰，超越一个又一个对手，最后连自己也被一次又一次地超越。在他们的心中，没有最好，只有更好，不停地向着完美进发。他们的字典中只有两个字最重要：向前。向前、再向前，不停地向前，从不在意别人说什么！

1　勇往直前，敢于挑战任何“不可能”

勇往直前，就是敢于挑战、敢于竞争、敢于胜利，更敢于失败、永不退缩、永不言败的精神。

在成功的道路上，快乐总是和磨难相伴，胜利也总是和失败接踵。有勇气追寻成功的人善于从教训中汲取力量，从失败中获得新生。在他们看来，无论是感情上的挫折，还是事业上的坎坷，抑或是抉择时的失误，都可以为自己的成长提供最好的经验积累，都可以为自己的内心增添更多的勇气，而不是让自己沮丧、颓废、消沉的理由。越是困难越能激起他们的斗志，越是失败越能让他们再次进攻。任何困难都挡不住他们的前进脚步，任何问题也不会成为他们停步的理由，任何“不可能”都可以成为“可能”。

美国钢铁大王安德鲁·卡内基在描述他心目中的优秀员工时说：“我们所急需的人才，不是那些有着多么高贵的血统或者多么高学历的人，而是那些有着钢铁般的坚定意志，勇于向工作中的‘不可能’挑战的人。”

如今享誉全球的麦当劳公司就是在莫里斯·麦当劳和查特·麦当劳两兄弟不向困难屈服，敢于向“不可能”挑战的精神中诞生的。

20世纪20年代，这对“不安分”的麦当劳兄弟毅然告别乡村老家，勇闯美国著名影城好莱坞。

1937年，历经多次挫折的兄弟二人，抱着永不服输的信念，借钱开办了全美第一家“汽车餐厅”，由餐厅服务员直接把三明治和饮料等送到车上（麦当劳兄弟二人最初办的是路边餐馆，定位于服务到车、方便乘客的这种经营方式）。

由于形式独特，用餐方便，餐厅很快一炮打响，一时间他们的"汽车餐厅"在当地独领风骚。后来人们纷纷效仿,办"汽车餐厅"的人日益增多,麦当劳兄弟的生意大不如初,每况愈下。

在激烈的竞争面前,麦当劳兄弟没有丝毫的退缩、沮丧和消沉,而是继续冥思苦想着再一次勇敢超越自己的良策。他们摒弃了原有的"汽车餐厅"的服务理念,转而在"快"字上大做文章,打出了"想吃花哨和高档的请到别处去,想吃简单实惠和快捷的请到我这儿来"的全新经营理念,吸引了千千万万的顾客蜂拥而至,从而一举获胜。

但是兄弟二人并没有满足于现状,而是继续敢想敢干,敢在"冒尖"和"出奇"上制胜。比如,后来陆续推出使用小纸盘、纸袋等一次性餐具,进行了厨房自动化的革命等一系列措施来不断迎接新的挑战。

正是因为麦当劳兄弟有了这种不断战胜和超越自我的决心和勇气,并付诸于实践当中,才使得他们把在一般人眼里已经很好或根本不可能的事,彻底推翻或改写,从而一步步迈向快餐业霸主的地位。

勇于向"不可能"的任务挑战,是一个人事业成功的基础。西方有句名言说:**"一个人的思想决定一个人的命运。"**不敢向高难度的工作挑战,是对自己的潜能画地为牢,最终只能使自己无限的潜能局限在有限的成就上。

"职场懦夫"永远不要奢望得到老板的青睐。如果你羡慕别人的晋升,那么,你一定要明白,他们的成功绝不是偶然的。在复杂且竞争激烈的职场中,正是秉持勇于"挑战不可能完成的工作"这一原则,他们磨砺生存的利器,不断力争上游,才在众多的竞争者中脱颖而出。

格蕾丝·莫里·赫柏的工作,令电脑编程工作为之改观。电脑程序代码以前只能用数字或者二进制码来编写,这使得写码和改错非常困难、枯燥。她开始怀疑为什么代码必须是数字,并提出一种完全不同的方案。

虽然大家都觉得她疯了，认为肯定行不通，但她还是坚持着。最后，她发明了计算机编程语言COBOL，终于能把那些无数行的数字变成了英文单词。这是个惊人的突破，她成为获得《计算机科学》年度奖的巾帼第一人。

赫柏所做的事情并没有谁来指派，也不是她岗位分内的工作，但她就是做了，并取得了骄人的成就。她的努力不仅给社会供献了财富，也给自己带来了巨大的收获。

我们不难发现，世界上所有的成功人士都有一个共同特点，那就是敢于向不可能挑战。正是因为他们的这一特点，让他们无惧于任何困难，更不害怕任何挫折，勇往直前，永不后退，最终登上了人生的峰顶，享受到了成功的甘美。

埃里森·拉里，就是一个向不可能挑战的模范。他连续20多年向比尔·盖茨下战书，结果在他的领导下，1999年甲骨文软件公司销售额突破100亿美元，盈利超过30亿美元，一年内增长了40%。2000年9月，公司市值达到1840亿美元。而埃里森在《财富》杂志该年度富人排行榜上跃升到第2位，在向不可能挑战的强烈企图心的驱使下，埃里森的财富增长速度之快是始料不及的。

日本保险女神柴田和子，向不可能挑战，一年创下804位业务员业绩总和的惊人业绩。1988年，更是创造了世界寿险业绩第一的奇迹，荣登吉尼斯世界纪录。此后逐年刷新纪录，至今无人打破。

如果你相信你能，那么这个世界上便不再有不可能！这样的信念会给你注入神奇的力量，它让你知道，从来没有什么事情是能或不能，有的只是要或者不要，只要想要，注定得到！

人生没有不可能！只要你想到了，只要你去做了，勇敢直前，无惧无畏,永不放弃,不断超越,成功就一定会属于你。

2　拒绝平庸,永不满足于现状

最出色的员工是那些永远不满足的员工。因为永远不满足,所以才能在工作中始终坚持积极进取、努力奋斗的精神,也才能够不断超越自我、完善自我,取得一个又一个辉煌的成绩。

约翰·伍迪是一位成功的体育教练。年轻时,他多次参加奥运会,累计得过10枚金牌。在他执教的20多年里,培养出11位世界冠军。

"你认为一个人要成功,最重要的是什么?"有一天,在一次训练的过程中,他的一个学生问他。

"不安于现状,永远追求新高度。"约翰·伍迪说。

约翰·伍迪认为,作为一个运动员,在其成长过程中,会经历很多阶段,在任何一个阶段安于现状,都可能导致运动生涯的终止。比如,一个运动员如果取得地区冠军就满足了,他绝对不可能取得全国冠军;如果他取得全国冠军就满足了,他绝对不可能取得世界冠军;当他取得一项世界冠军就满足了,他绝对不可能取得下一项世界冠军。

"生命不息,奋斗不止,我经常这样教导我的队员。"约翰·伍迪说,"他们没有让我失望。"

事实上,整个世界都是竞技场,每一个人从出生那天起,就投入到比赛中了,比学习成绩,比工作成果,比事业成就,比家庭幸福……成功的人,总是那些不安于现状的人。

1985年10月,大学四年级的李雁雁患上了青光眼,双目失明且康复无望。1989年,李雁雁得到一条消息:美国海德里盲校将在中国开办盲校分校，免费函授英文。在哥哥的帮助下，李雁雁终于掌握了汉语和一级英语盲文符号的规律。

但这仅仅是开始，李雁雁还有更高的追求。1993年，李雁雁在一本盲文杂志上“读”到一条消息：日本有家机构资助其他国家的盲人去日本学习按摩、针灸、指压。他决定去学习。10月，经过全面严格的考试，李雁雁被录取。

经过刻苦学习，他获得了日本国家行医执照，成为第一个获得全额助学金在日本学习物理疗法的外国盲人留学生。没有学位李雁雁感到遗憾，他决定到美国继续深造。前后经历四次考试，3年的拼搏，李雁雁终于获得成功。2002年7月收到了加利福尼亚帕默正骨大学的录取通知书，开始了博士课程的学习。凭着扎实的功底，李雁雁以全A的成绩获得了美国帕默正骨大学脊椎神经矫正专业博士学位。在毕业典礼上，全场人士起立并长时间鼓掌，他们都对这位唯一来自中国的盲人博士毕业生表示由衷的敬佩。

但是，拿一个博士的学位，也不是李雁雁的目的，也要以自己的知识成就一番自己的事业。

拿到学位后，李雁雁四处寻找诊所和医院实习，但是看到他是一名盲人，医院诊所给予拒绝。他决定自己开一家诊所，病人看到他是一个盲人时，都很诧异，但他所作出的准确判断着实让病人佩服，越来越多的病人开始来他的诊所就诊。现在，他的事业如日中天，梦想渐近，成功在望。

不思进取、安于现状，最终只能落入平庸的俗套里，没有人可以例外。所以，平庸的生命犹如被污染的河流，四周洋溢着恶臭，没有激情，没有光明，碌碌无为，悄然无声，等待着命运的青睐，等待着善良的支援。平庸将四周的草木毒死，将林中的小鸟迫害，最后，生命之树因为平庸而枯萎凋零。所以，优秀的人拒绝平庸，永远进取，永不会安于现状，永不会满足于现状。要想不落入平庸者的队伍，要做好工作，必须要有勇往直前、永不退缩、不断进取、超越平凡的精神，让自己永远向前、向前、再向前！

3 终生学习，天天进步职业常青

俗话说“活到老学到老”。知识无穷无尽，又有哪一个人敢说自己已经不需要学习了呢？即使是再博学的人，又学会了多少？所以学习是一个永恒的过程，学无止境，活到老学到老，永远没有学完了、学尽了的时候。所以，终生学习，是职业常青优秀卓越的秘诀。

学如逆水行舟，不进则退。职场又何尝不是这样？一天不学习，你就在退步，十天不学习，你已经赶不上别人了，一个月不学习，你已经被抛得远远地，落在最后面了，再不学习，你注定被时代、被职场、被工作甚至被朋友，彻底地抛弃！

不断学习，积极进取，是个人的明智之举。在这个知识经济的时代，我们必须注重自己的学习能力，必须能够勤于学习，善于学习，时时不忘记学习，只有不断的终生学习，才能在竞争激烈的社会中立于不败之地。

玛丽和依莎贝拉同时被微软录用为程序员。玛丽毕业于一所著名大学的电子系，她才华横溢，设计的程序简洁明了，一开始就赢得了主管的青睐。而依莎贝拉却是靠自学成才的，她甚至连一个正规的文凭都没有。有人传言说，依莎贝拉之所以能够被录取，完全是因为上层主管当中有她的亲戚。

为此，玛丽总是瞧不起依莎贝拉，她甚至说：“和这样的傻瓜在一起工作，简直是我的耻辱。”平常的工作量对玛丽来说很轻松，所以她花费了大量的时间在交际、购物上，而依莎贝拉却只能起早贪黑，才能勉强完成工作任务。

半年以后，依莎贝拉却被提升为设计部的主管，对此玛丽愤愤不平:“只要高层有亲戚就可以顺利提升,完全不考虑工作能力,这样的公司有什么前途!”

主管给玛丽拿来了一份依莎贝拉的设计程序,玛丽看后大吃一惊,依莎贝拉的程序和原来的相比竟然有了脱胎换骨的变化!简直可以用完美无缺来形容。

原来,在玛丽自鸣于自己的才能的同时,依莎贝拉却在努力学习,而此时,依莎贝拉设计出来的程序已经比玛丽的优秀得多了!

两年后,依莎贝拉已经成为了微软某部门的高级主管、高级程序设计师,而玛丽依然是一个普通的程序员。

玛丽在安逸的生活中忘记了变化的存在,而依莎贝拉却可以通过不断地学习来充实自己,提高自己,最后在变化当中独领风骚。

每一个员工都必须做一个善于、乐于学习的人,这样才能保证职业常青。其实,人的一生就是一个不断学习的过程,即使你没有意识到,你一直也是在生活中、在工作中学习,但这种被动的学习效果肯定不会明显。如果你自已有这方面的意识,激发自己的潜能,不断地主动学习,你就能一直保持强大的竞争力。不论你是总经理,还是一名清洁工,都得学习。知识更新很快,信息变化快,员工一年不学习,可能年终下岗,一名总裁三年不学习,就会变成一名普通员工。

学习是一个长期的过程,进步也是一点一点积累起来的。只要你能够每天持续不断地学习,每天进步百分之一,一年就有好几百个百分之一的进步,也就是有好几百倍的成长。

百分之一是一个轻易就能达到的目标,却需要长期的坚持。做到一天进步百分之一不难,但是做到“每天进步百分之一”却并不容易,因为每天进步一点点,贵在每天,难在每天。“逆水行舟用力撑,一篙松劲退千寻,”要“每天进步一点点”,就要耐得住寂寞,守得住穷困,不因收获不大而心浮气躁，不为目标尚远而轻易动摇，要有持之以恒的韧劲；要顶得住压力，不因面临障碍而畏惧退缩，不为遇到挫折而垂头丧气，而应具有攻艰克难的勇气；此外，还要抗得住干扰，不因灯红酒绿而分心走神，不为冷嘲热讽而犹豫停顿，而应有专心致志的定力，天天学习，天天进步，终生学习，终生受益。

只要每天都没有虚度，每天都在勤奋认真地过，那我们必然每天都在进步。每天进步一点点，每一个今天都会充实而又饱满；每天进步一点点，终将使一生厚重而充实。

4　超越自己，向着最好和最完美进发

人生最强的对手，不是别人，而是我们自己。所以，超越别人之前，我们要先超越自己。超越别人之后，我们更要超越自己。只有一个不断超越的人，才能不断前行，向着最好和最完美进发。

必维（BV）国际检验集团工业与设施事业部大中华区总裁的邢继顺，就是这样一个在不断超越中实现自我，向最好和最完美进发的人。“人生就好像跳高比赛，每跳过一次，下一次的横杆就会有新的高度。”早年曾做过运动员的邢继顺这样形容自己的职业生涯，“跳高比赛总会以失败而告终，虽然等到再也不能越过横杆时比赛才结束，但是人生就像比赛，只有不断地超越自我，才能取得更好的成绩。”

1988 年，邢继顺作为公派留学生在法国读博士，在做博士论文的时候，学校有一个与欧洲共同体的合作项目，要求至少有 3 个国家的 5 个机构参与项目，而 BV 就是其中一个参与者。博士论文完成后，邢继顺就随即开始了在 BV 研究中心的工作。他以完美的职业态度和职业精神超越了一个普通员工的所有限

制，很快，他被提升。

2004年，邢继顺回国开始在BV大中华区工作。他的目标依然是超越。当时国内对认证测试行业的认识尚不充分，很多企业认为认证或测试是产品进入国际市场时不得已而为之的行为，而实际上，认证行业是现代服务业中的重要一环，BV的定义范围，是质量、健康、安全、环保和社会责任。作为一个产业，认证、检测、检验行业是社会价值链上重要的一环，能为社会创造出巨大的价值。邢继顺大力推广着这种检测理念，BV在中国的发展也随之进入了快车道，邢继顺个人的发展当然也水涨船高，但他的目标还远未达到。这也许也与他曾经的运动员身份有关，体育比赛那种公平、公正的精神，和追求完美、不断超越自我的理念，在这里得到了完美的统一。

事实上，超越自我远比超越别人要难。因为要超越自己首先要审视自己、认清自己、客观理性地评价自己，不被自己的成绩蒙住双眼，也不被骄傲拖住双腿……这当然很难。

美国大发明家爱迪生有1000多项发明，被誉为发明大王，但他晚年却固执地反对交流输电，一味主张直流输电。

电影艺术大师卓别林创造了生动而深刻的喜剧形象，但他却极力反对有声电影。

爱迪生和卓别林都是大师，但很可惜，他们都没有能够做到超越自我。因为超越自我，确实不是一件容易的事。

即使如此，还是有人能够做到这一点，芭芭拉·史翠珊就是一例。

芭芭拉·史翠珊在演艺事业达到巅峰之际，却突然决定制作以及执导Yent这部电影。

“你怎么会想到要这么做?”她身边的朋友都很不解。

“我并不是为成名或是发财而制作这部电影，”芭芭拉·史翠珊说，“我已经名利双收了，我之所以制作这部电影，是因为有天晚上我梦到自己死了，上帝把我生前真正具有的潜能展示在我面前，并且告诉我有些事情其实可以做，但是却因为自己太过胆怯而没有动手。那时候我就下定决心，就算这部电影会耗费我所有的积蓄，我也要放手去做。”

超越自己往往比超越别人更难，所以，需要更大的勇气和更多的付出。也正因为更多的付出，最终也收获得越多，就像芭芭拉·史翠姗一样。

在她看来，成功没有终点。终生成功的人会在突破短期目标的“终点”后，继续追求新的挑战以及更大的满足，永远向着最好和最完美进发，奇迹也就在你向上的路途中不断产生。

5　追求卓越，永不停下进取的脚步

追求卓越是一种人生态度，也是一种境界。我们在不断追求卓越的过程中，能够不断地取得个人的最佳成绩，突破以前取得的成就，从而使自己变得更加完美。

卓越非常昂贵，我们要为此付出相当的代价。幸运的是，它的回报也非常丰厚——你追求卓越，卓越就会从你脚下升起，并上升到金字塔的顶部。这就是精华法则。

自5岁登台起，迈克尔·杰克逊和他的兄弟们创造了一个又一个奇迹，他们从演唱别人的歌曲，到进行自己的创作，这中间的经历，也许很漫长，也许很曲折——也许在别人眼中，这算是一个很大的奇迹。可是，如果认真研究迈克尔·杰克逊和他的兄弟们在那么多年里所做的一切，人就会明白，世界上并没有奇迹，所谓奇迹，不过是一次又一次演练那种“拉弓”的过程，才让他们最终出现在观众眼前的时候，一箭射中了那轮看似遥不可及的“太阳”……

在迈克尔的音乐生涯中，有许多人曾经像他一样星光熠熠，甚至在某个时刻，掩盖住了他的光芒，但是，他却如同一颗恒星，一直稳稳当当地沿着自己的轨道，毫不迟疑地向前滑去，在蔚蓝而广阔的天空中，在观众心中留下永恒的记忆。甚至，有很长一段时间，美国乐坛被命名为“迈克尔·杰克逊时代”。

他是如何做到这一点的？

假如他还能开口说话，他势必会告诉你：你要努力、再努力一些，你不但需要打败其他人，你更需要超越你自己。

在最初演唱别人的歌曲的时候，杰克逊兄弟们所需要做的，就是尽力让自己演唱的歌曲能够跟原创一样好，甚至比他们唱的更好。但当迈克尔·杰克逊用自己的音乐和舞蹈取得空前盛名的时候，他需要与之作战的，就是他自己了：他需要让自己的每一张新唱片，都能够超越之前所取得巨大成功的唱片，唯有如此，才能够不让歌迷们失望。

在《颤栗》取得巨大成功之后，“在以后的两年半时间里，我花去大部分时间录制了《颤栗》之后的唱片，最后唱片命名为《真棒》。

“制作《真棒》花了这么长时间，结果是值得的，因为我们对我们所取得的成绩感到满意。但它也是很艰难的，我们总是处于紧张状态，因为感到是在和自己竞争，当你有这种感觉的时候，你很难创作出新的东西。不管你自己怎么看，别人总是要拿《真棒》同《颤栗》来比，你可以说：‘嗨，忘掉《颤栗》吧。’但谁又会忘记呢。”

正是这种在音乐和舞蹈上不断超越自己的精神，让迈克尔·杰克逊在美国及至世界乐坛开拓了一个崭新的时代，属于他的时代！

从优秀到卓越,需要我们勇于改变自己,并付出艰辛的努力。其实每个人都希望过更好的生活,但很多人却不想因此而改变自己。世上没有免费的午餐,一分耕耘才能有一分收获,我们如果希望自己变得更为卓越,那么就必须拥有赢家的思维方式与行为规范,像迈克尔一样,为卓越付出卓越的努力。

不管你在什么行业,不管你有什么样的技能,也不管你目前的薪水有多丰厚、职位有多高,你都应该告诉自己:要做进取者,我的位置应在更高处。这样的信念可以让你永远向着更高的目标前进,使你向前迈进的步伐更坚定更有力。

贝利是现代足球运动中出类拔萃的人物,他成就非凡,一直是年轻人追寻的榜样。他17岁时就成为巴西国家队的球员,赢得过世界杯冠军、洲际俱乐部杯赛冠军、南美解放锦标赛冠军,几乎赢得了国际足坛上的一切荣誉,被人们誉为"一代球王"。在贝利长达20多年的职业足球生涯中,他超凡的球技不仅让万千观众心醉,而且常常使球场上的对手拍案叫绝。

当贝利的个人进球达到1000个时,有人问他:"您哪个球踢得最好?"贝利意味深长地说:"下一个。"贝利的回答含蓄睿智、耐人寻味,像他的球艺一样精彩。

目标永远在我们的前方,当我们追求自己的目标时,它也会获得发展与完善。但我们永远不可能百分之百地完成它,它永远在前方召唤我们,促使我们迎接挑战,引导你永不止步。

人生是一条奔腾不息的河流,永远不会停留在一个地方,也不会停留在某一个阶段,它需要不断地超越。超越,是升华、是突变,是人生不可缺少的阶段。正是这种超越,使人类从远古走到今天,从一无所知走到无所不知;也正是这种超越,使我们超越平凡,摆脱平庸,从优秀直到卓越!

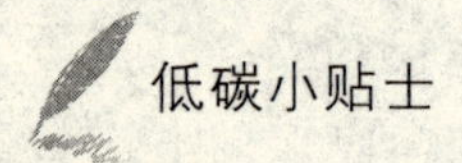

低碳生活准则

1. 少用纸巾，重拾手帕，保护森林，文明低碳；
2. 每张纸都双面打印，双面写，相当于保留下半片原本将被砍掉的森林；
3. 随手关灯、开关拔插头，这是第一步，也是个人修养的表现；
4. 不坐电梯爬楼梯，省下大家的电，换自己的健康；
5. 绿化不仅是种树，在家种些花草一样可以，还无须开车；
6. 一只塑料袋5毛钱，但它造成的污染可能是5毛钱的50倍；
7. 浴室未必一定要有浴缸，已经安了，未必每次都用，已经用了，请用积水来冲洗马桶；
8. 关掉不用的电脑程序，减少硬盘工作量，既省电也维护你的电脑；
9. 相比开车来说，骑自行车上下班的人，一不担心油价涨，二不担心体重增；
10. 没必要一进门就把全部照明打开，人类发明电灯至今不过130年，之前的几千年也过得好好的；
11. 考虑到坐公交为世界环境做的贡献，至少可以抵消一部分开私家车带来的优越感；
12. 请相信，痴迷皮草那不过是一种返祖冲动；
13. 可以这么认为，气候变暖一部分是出于对过度使用空调/暖气的报复；
14. 尽量少使用一次性牙刷、一次性塑料袋、一次性水杯，因为制造它们所使用的石油也是一次性的；

15. 如果你知道西方一些海洋博物馆里展出中国生产的鱼翅罐头，还会有好的食欲吃鱼翅捞饭么；

16. 未必红木和真皮才能体现居家品味，建议使用竹制家具，因为竹子比树木长得快；

17. 其实利用太阳能这种环保能源最简单的方式，就是尽量把工作放在白天做；

18. 过量肉食至少伤害三个对象：动物，你自己和地球；

19. 婚礼仪式不是你憋足20多年劲甩出的面子，不是家底积累的PK，如今简约、低碳才更是甜蜜文明的附件值；

20. 认为把水龙头开到最大才能把蔬菜、盘、碗洗得更干净，那只是心理作用；

21. 可以理直气壮地说，衣服攒够一桶再洗不是因为懒，而是为了节约水电；

22. 把一个孩子从婴儿期养到学龄前，花费确实不少，部分玩具、衣物、书籍用二手的就好；

23. 如果堵车的队伍太长，还是先熄了火，安心等会儿吧；

24. 定期检查轮胎气压，气量过低或过足都会增加油耗；

25. 定期清洗空调，不仅为了健康，还可以省不少电。